最速合格！

乙種第4類危険物 でるぞ〜問題集

過去問題の研究から，今後の出題を予測！
ゴロ合わせでスイスイ暗記できる！
でるぞ〜マークがリードする！

工藤政孝　編著

弘文社

まえがき

　問題集は最高のテキストである……これは，かつて，著者が著した問題集で結論づけた文言であり，すぐれた問題集であるほど，出題のポイントばかりをよくついた内容となっており，**無駄が少ない内容**となっています。この編集方針によって作成された本書においては，過去，何回か本試験の傾向に合わせるために改訂を繰り返してきましたが，今回，さらに内容を充実させるため，全ての問題を再チェックして，令和以降の出題傾向に追従させるべく，大改訂を行いました。

　したがいまして，以前にも増して本試験問題に対応できるものと思っております。

　その本書の特徴につきましては，次のようになっています。

　まず，「乙4すっきり重要事項」と銘打って，各項目ごとに"これだけは最低限必要な知識"と思われる重要事項を，トップに持ってきてあります。従って，その重要事項をしっかり把握して，その上で問題の解説による詳細な知識を上乗せすると，「乙4試験」に合格できる知識は，十分すぎるほどカバーできる内容となっています。

　さらに，本書には随所に「でるぞ〜問題」と称して，**本試験に出る確率が高い**，と予想される問題を掲載してありますので，「知識の上乗せ」は，より実戦的なものになるはずです。

　また，解説については，できる限り<u>一問一問について解説する</u>ようにし（正しい内容のものについては省略しているものもあります），その内容も，できるだけ**わかりやすい表現**を使いました。従って，初めて危険物取扱者試験を受ける方であっても，十分理解できる内容であると思っています。

　その他，「乙4すっきり重要事項」には，より重要度の高い順から「**スゴク重要**」マークと「**重要**」マークを採用し，"どの部分を重点的に学習すればよいか"ということが明確に把握できるようになっております。

　このような特徴によって本書は編集されていますので，本書は皆さんを，"より短期間に""より効率的に"そして"より実戦的に"「試験合格」へと導く手助けをさせていただく，力強いガイドになれるものと信じております。

　最後になりましたが，本書を手にされた方が一人でも多く「試験合格」の栄冠を勝ち取られんことを，紙面の上からではありますが，お祈り申しあげております。

目　　次

特別公開！これが「乙4試験」だ！

第1編　危険物に関する法令

傾向と対策・ここが出題される！

第2編　基礎的な物理学及び基礎的な化学

第1章　物理の基礎知識

第2章　化学の基礎知識

第3章　燃焼及び消火の基礎知識

第3編　危険物の性質，並びに火災予防，及び消火の方法

第4編　模擬試験問題と解答

本書の使い方

① 「スゴク重要マーク」  と「重要マーク」 について

　本書では「乙4すっきり重要事項」のところで「スゴク重要マーク」と「重要マーク」を採用しています。

　その意味するところは，一番重要度の高いものに「スゴク重要マーク」，その次に重要だと思われるものに「重要マーク」を付してあります。従って，「時間があまり無い」という方は，先にそれらのマークが付いているものから優先的に学習されるとよいでしょう。

② 「でるぞ〜・マーク」 について

　このマークの付いた問題は出題される確率が高い問題なので，重点的に学習するとよいでしょう（1つより2つの方がより確率の高い問題です）。

　前書きでも説明しましたが，本書では，出題される確率が高い問題を集めて，実際の本試験に最も近い感覚で学習できるようにしてあります。

③ 「ぼちぼち・マーク」 について

　問題番号にこのマークがあれば，後回しにしてもよい問題（＝重要度が高くない問題）という意味です。時間があれば解くようにしてください。

④ **本書の巻末には，模擬試験を掲載してあります。**

　本試験ではいくら解ける実力があっても制限時間以内に規定以上の正解を得ないと合格ラインには達しません。模擬試験は，その"制限時間以内に規定以上の正解を得る"という練習のために設けてあります。従って，本編を"卒業"された方は，この模擬試験で実力を試すとともに，"制限時間以内に規定以上の正解を得る"テクニックを身に付けて下さい。

　なお，この模擬試験は「でるぞ〜」問題ばかりで構成してありますので，より実戦的で，力試しには最適な内容となっています。

⑤ **チェック・ポイントについて**

　本文の要所要所には，チェックポイントと称して知識を再び確認できるコーナーを設けてありますので，内容を正確に把握できているかをもう一度調べて，知識を固めていって下さい。

特別公開！　これが「乙4試験」だ！

その1　乙4試験とは？（受験案内）

　まず，「敵を知り己を知れば百戦危うからず」ではありませんが，乙4試験を受けるのであれば，その**正しい姿**をよく把握しておく必要があります。

　そこで，受験案内も兼ねて，乙4試験のデータなどを次に紹介しますので，その概要を把握してください。

1．受験資格及び受験地

　誰でも受験でき，全国どこでも受験できます。

2．受験者数と合格率

　例年**約25万人近い人**が受験し合格率は**約33%**位です。つまり，数字の上では3人に1人の合格ですが，"本気の受験者"（付合い又は様子見受験者でない人）だけで考えると，おおむね2人に1人の合格ではないかと思われます。

3．試験科目と出題数

試験科目	出題数
①　危険物に関する法令	15問
②　基礎的な物理学及び基礎的な化学	10問
③　危険物の性質並びにその火災予防及び消火の方法	10問

　注：他の類の乙種危険物取扱者免状の保有者は①と②の科目が免除されます。

4．試験方法

　5肢択一の筆記試験で，解答は，解答カードにある番号を黒く塗りつぶすマークシート方式で行われます。

5．試験時間

　2時間です。（試験開始から約35分経つと退出が認められます）

6．合格基準

　試験科目ごとに 60％ 以上を正解する必要があります。

　つまり，「法令」で 9 問以上，「物理・化学」で 6 問以上，「危険物の性質」で 6 問以上を正解する必要があるわけです。この場合，例えば法令で 10 問正解しても，「物理・化学」または「危険物の性質」が 5 問以下の正解しかなければ不合格となるので，3 科目ともまんべんなく学習する必要があります。

7．受験願書の取得方法

　各消防署で入手するか，または（一財）消防試験研究センターの中央試験センター（〒151 − 0072　東京都渋谷区幡ヶ谷 1 − 13 − 20　TEL 03 − 3460 − 7798）か各支部へ請求してください。

その2　合格のためのテクニック

　ここでは，いかにすれば効率よく合格通知を手にすることができるか，ということについて，数多くの体験談やデータなどから，皆さんの参考になると思われるものをいくつか紹介したいと思います。

1．こういうテキストを選ぼう

　この本は問題集ですが，一応「乙4すっきり重要事項」には，乙4試験で出題される項目の要点のほとんどが掲載されてあります。しかし，もう少し詳しい情報が欲しい，という方のために，どのようなテキスト（参考書）を選べばよいか，ということをここでは説明したいと思います。

① 　内容が適度に詳しいこと

　「適度」と書いたのは，過剰に詳しいと，知識が混乱するおそれがあるのと，時間の“無駄”になるからです。従って，まとまりよく，適度に詳しく解説している本，ということになります。当然，挿入されている問題や例題の解説も，**ていねいに詳しく解説してある本**がベストです。

② 　イラストが適度にあること

　文字だけでいくら説明されてもわからなかったことが，絵（イラスト）を用いて説明されると，“あっ”という間にわかった，という経験をもたれている方も多いことと思います。このように，絵（イラスト）には，文

字だけの場合に比べて，はるかに大きな**イメージ力**があるので，なるべく
イラストが"適度に"配置してあるテキストがベストです。

③　レイアウトが適度にまとまっていること

レイアウト，つまり，文字や図の紙面上の構成が，できるだけすっきり
と適度にまとまっている本がベストです。というのは，人間の記憶は，②
のように**視覚の影響がかなり大きい**ので，何かを思い出そうとするとき
に，その視覚を手がかりとする場合が結構多いのです。

従って，項目のトップがやたらページの途中にあったり，"過剰"とも
思える情報が，ページ一杯に書かれてあったりする本より，文字や図の構
成が**できるだけすっきりとまとまっている**方が，思い出しやすい，という
わけです（注：これもあくまで"適度に"です）。

④　前書きを読んでみる

前書きには，その本の著者の考えがにじみ出ていることが多いので，そ
こから"どういう本であるか"というのを推察することができます。

２．問題集は最高のテキストと考えよう！

1では，テキストの選び方について説明しましたが，そのように選んだテ
キストであっても，受験に必要な知識より何割か（ものによっては数倍？），
多くの情報が書かれてあります。ところが，問題集には試験に出そうな部分
を中心にして問題が作成されており，また，その問題自身も出そうな部分の
ポイントを中心にして作成されています。従って，**問題集は"要点集"**であ
るとともに，**「最高のテキスト」**でもあるわけです。

３．問題は最低３回は繰り返そう！

その問題集ですが，**問題は何回も解く**ことによって自分の**"身に付きま
す"**。従って，本書を例にとると，「第1編の法令」，「第2編の物理・化学」，
「第3編の危険物の性質」と，一通り終えたら，また，「第1編の法令」に
戻って，第1回目に間違った問題を解くようにしてください。

そのためには，解答を本書には**直接書き込まず**，別紙などに書き込むよう
にします。そうすると，問題を何回も使用することができます。

また，問題番号の横には，①まったくわからずに間違った問題には×印，
②半分位解けていたが結果的に間違った問題には△印，③一応，正解にはな
ったが，知識がまだあやふやな感がある問題には○印，というように，3段

階位に分けた印を付けておくと，たとえば，2回目をやる時間があまり残っていない，というような時には，×印の問題のみをやる。また，それよりは少し時間がある，というような時には，×印に加えて△印の問題もやる，というような，状況に合わせた対応をとることができます。

　具体的に説明すると

・1回目を解き，問題番号の横に×か△，または○印を付ける。

・2回目は，原則として×，△，○印の付いた問題のみをやる。
　（時間の無い場合は「×」か「×と△」印のみやる）
　⇒　1回目は×（または△）だったが，2回目は何となく解けたような問題の場合は，×印の横に○印をつけるというようにして，そのときの状況に合わせて印を新しく付けていきます。
　⇒　完全に理解した場合は，それらの印に横棒を付す

・このようにして，印の付いた苦手な問題を徐々に少なくしていき，そして，最終的には問題をほとんどすべてマスターした，というところまで漕ぎつけ，そこでようやく問題集を"卒業"ということになるわけです。

その3　受験上の注意

1．受験申請

　自分が受けようとする試験の日にちが決まったら，受験申請となるわけですが，大体試験日の1ヶ月半位前が多いようです。その期間が来たら，郵送で申請する場合は，なるべく早めに申請しておいた方が無難です。というのは，もし，申請書類に不備があって返送され，それが申請期間を過ぎていたら，再申請できずに次回にまた受験，なんてことになりかねないからです。

2．試験場所を確実に把握しておく

　普通，受験の試験案内には試験会場までの交通案内が掲載されていますが，もし，その現場付近の地理に不案内なら，実際にその現場まで出かけるくらいの慎重さがあってもいいくらいです。実際には，当日，その目的の駅などに到着すれば，試験会場へ向かう受験生の流れが自然にできていることが多く，そう迷うことは少ないとは思いますが，そこに着くまでの電車を乗り間違えたり，また，思っていた以上に時間がかかってしまった，なんてことも起こらないとは限らないので，情報をできるだけ正確に集めておいた方

が精神的にも安心です。

3．受験前日

　これは当たり前のことかもしれませんが，当日持っていくものをきちんとチェックして，前日には確実に揃えておきます。特に，**受験票**を忘れる人がたまに見られるので，筆記用具とともに再確認して準備しておきます。

　なお，解答カードには，「必ず**HB**，又は**B**の鉛筆を使用して下さい」と指定されているので，HB，又はBの鉛筆を**2〜3本**と，できれば予備として**濃い目のシャーペン**を準備しておくと完璧です（100円ショップなどで売られているロケット鉛筆があれば重宝するでしょう）。

その4　本試験はこう行われる

　さて，いよいよ試験当日です。試験会場には，高校や大学などの学校関係が多いようですが，ここでは，とある大学のキャンパスを試験会場として話を進めていきます。

なお，集合時間は**9時30分**で，試験開始は**10時**とします。

1．試験会場到着まで

　まず，最寄の駅に到着します。改札を出ると，受験生らしき人々の流れが会場と思われる方向に向かって進んでいるのが確認できると思います。その流れに乗って行けばよいというようなものですが，当日，別の試験が近くの別の会場で行われている可能性が無きにしもあらずなので，場所の事前確認は必ずしておいてください。

受験生の流れ

　さて，そうして会場に到着するわけですが，少なくとも，9時15分までには会場に到着するようにしたいものです。特に初めて受験する人は，何かと勝手がわからないことがあるので，十分な余裕を持って会場に到着してください。

2．会場に到着

　大学の門をくぐり，会場に到着する
と，右の写真のような案内の張り紙が張
ってあるか，または立てかけてありま
す。

　これは，受験票に指定してある教室が
どこにあるか（または，どの受験番号の
人がどの教室に入るのか），という案内
で，自分の受験票に書いてある**教室名等**
と照らし合わせて，自分が行くべき教室
を確認します。

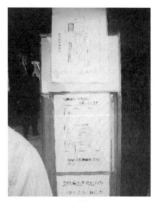

案内板

3．教室に入る。

　自分の受験会場となる教室に到着しました。すると，黒板のところにも図
のようなものが書いてあります（または張り紙）。これは，どの受験番号の
人がどの机に座るのか，という表示で，自分の**受験番号**と照らし合わせて自
分の机を確認して着席します。

○－0191	0208	0225	0242	0259	0276
|	|	|	|	|	|
0197	0214	0231	0248	0265	0282

座席の位置

4．試験の説明

　一般的には9時30分すぎになると，試験官が問題用紙を抱えて教室に入
ってきます。従って，それまでにトイレは済ませておきます。が，試験官が
トイレタイムを取る場合もあります（こちらの方が一般的）。

　その内容ですが，試験上の注意事項のほか，問題用紙や解答カードへの記
入の仕方などが説明されます。それらがすべて終ると，試験開始までの時間
待ちとなります。

5．試験開始

　「それでは，試験を開始します」という，試験官の合図で試験が始まります。初めて受験する人は少し緊張するかもしれませんが，時間は2時間と十分すぎるほどあるので，ここはひとつ冷静になって一つ一つ問題をクリアしていきましょう。

　なお，その際の受験テクニックですが，巻末の模擬試験の冒頭にも記してありますが，簡単に説明すると，

① 難しい問題だ，と思ったら，とりあえず何番か選んでマークをしておき，後回しにする（**難問に時間を割かない**）。

　特に，本試験問題には，「捨て問」と呼ばれる，"通常の"乙4試験のレベルを大きく上回っているのではないか，と思わせるような難問が，たいてい1問は含まれています。

　つまり，ほとんどの受験者が解けないのではないだろうか？と，思わず思いたくなるような問題です。従って，このような問題に時間を取られると，ほかの問題にも影響するので，「捨て問」だ，と判断したら何番か適当に選んでマークして早々と"撤退"します。

② 時間配分をしておく。

　先ほどは，時間は2時間と十分ある，といいましたが，やはり，ある程度の時間配分をしておかないと，「時間が足りずに全問解けなかった」などということになりかねません。従って，おおよそ**30分以内で10問を解いていくスピード**は，最低限確保しておきましょう（詳細は模擬試験参照）。

③ どうしても解答がわからないとき⇒　過去の本試験3回分の解答を調査した結果，解答が(1)の割合は平均以下，(2)の割合は平均よりかなり高い，(3)の割合は平均以下，(4)の割合はほぼ平均，(5)の割合は一定していない，という結果になりました。これらの結果を参考にして，とりあえずは何番かの答にマークをしておいてください。

6．途中退出

　試験開始から35分経過すると，試験官が「それでは35分経過しましたので，途中退出される方は，机に貼ってある受験番号のシールを問題用紙の名前が書いてあるところの下に貼って，解答カードとともに提出してから退出してください。」などという内容のことを通知します。すると，もうすべて解答し終えたのか（それとも諦めたのか？），少なからずの人がゴソゴソと準備をして席を立って部屋を出て行きます。そして，その後も，パラパラと退出する人が出てきますが，ここはひとつ，そういう"雑音"に影響されずにマイペースを貫きましょう。

7．試験終了

　試験終了5分ぐらい前になると，「試験終了まで，あと5分です。**名前や受験番号**などに書き間違えがないか，もう一度確認しておいてください」などという内容のことを試験官が言うので，それに従うとともに，**解答の記入漏れ**が無いかも確認しておきます。

　そして，12時になって，「はい，試験終了です」の声とともに試験が終了します。

　以上が，本試験をドキュメント風に再現したもので，地域によって多少の違いはあるかもしれませんが，おおむね，このような流れで試験は進行します。従って，前もってこの試験の流れを頭の中にインプットしておけば，さほどうろたえる事もなく，試験そのものに集中できるのではないかと思います。

　ぜひ，持てる力を十二分に発揮して，合格通知を手にしてください！

試験会場入口　さあ，ガンバルゾ！

第1編
危険物に関する法令

注) 容量を表すリットルについては一般的には,「ℓ」という字で出題され
ていますが,本書では一般的に理解しやすい「ℓ」の文字も併用してい
ますので注意して下さい。

傾向と対策　ここが出題される！

　まず，最近の本試験の出題データをベースに，過去数年分のデータを加味して，その出題頻度をまとめると次のようになります（本書の目次の順に並べてあります）。

　（注：これらのデータは，あくまで本書編集時点でのデータであり，その時々によっては多少の変動がある，ということを先に断っておきます）

◎：よく出題されている項目を表しています。

○：比較的よく出題されている項目を表しています。

項　　目	出　題　頻　度
1．危険物と指定数量	
◎危険物	よく出題されている
◎指定数量	よく出題されている
2．製造所等の区分及び設置と変更・仮貯蔵・仮使用	
△製造所等の区分	たまに出題される
△製造所等の設置と変更	たまに出題される
○仮貯蔵と仮使用	比較的よく出題されている
3．製造所等の各種手続き・義務違反に対する措置	
○製造所等の各種手続き	比較的よく出題されている
◎義務違反に対する措置（命令）	よく出題されている
4．予防規程と定期点検	
△予防規程	たまに出題される
◎定期点検	よく出題されている
5．危険物を取り扱う者・保安講習	
◎危険物取扱者	よく出題されている
◎危険物取扱者免状について	よく出題されている
◎危険物保安監督者	よく出題されている
△危険物施設保安員	たまに出題される
◎保安講習	よく出題されている

⑥．製造所等の位置・構造・設備等の基準その①	
◎保安距離	よく出題されている
○保有空地	比較的よく出題されている

⑦．製造所等の位置・構造・設備等の基準その②	
△製造所等の位置・構造・設備等の基準その②	たまに出題される

⑧．貯蔵及び取扱いの基準	
◎貯蔵及び取扱いの基準	よく出題されている

⑨．運搬と移送の基準	
◎運搬の基準	よく出題されている
○移送の基準	比較的よく出題されている

⑩．消火設備と警報設備及び標識について	
◎消火設備	よく出題されている
△警報設備	たまに出題される
×標識・掲示板	「ごく」たまに出題される

⑪．事故事例（応急措置など）	
△事故事例（応急措置など）	たまに出題される

　以上のデータを，多く出題されている項目から順に並べると，次のようになります。

(1)　**よく出題されているグループ**

　・危険物
　・指定数量
　・義務違反に対する措置（命令）
　・定期点検
　・危険物取扱者
　・免状
　・危険物保安監督者
　・保安講習
　・保安距離
　・貯蔵及び取扱いの基準

・運搬の基準

・消火設備

(2)　**比較的よく出題されているグループ**

・仮貯蔵と仮使用

・製造所等の各種手続き

・保有空地

・移送

(3)　**たまに出題されるグループ**

・製造所等の区分

・予防規程

・危険物施設保安員

・製造所等の位置・構造・設備等の基準その②

・製造所等の設置と変更

・警報設備

・事故事例（応急措置など）

その他のもの（「ごく」たまに出題される）は，おおよそ10回程度に1回の割合で出題されるもの，と考えてもらって結構です。

これらをそれぞれ吟味していくと，

(1)　**よく出題されているグループについて**

さすがによく出題されているとあって，すべて危険物取扱者としては**必須**と言える知識ばかりです。たとえば，「危険物」「指定数量」「危険物取扱者」「免状」「貯蔵・取扱いの基準」などは，危険物取扱者が危険物を取り扱う上では当然知っておかなければならない知識ですし，また，「運搬の基準」や「消火設備」も同様です。

さらに，「保安講習」は，危険物取扱者が危険物を取り扱う業務に就いている際には当然知っておかなければならない知識であるので，これも重要です。

従って，どれも当然知っておかなければならない知識，ということで，(1)の項目は**最重点項目**であるとともに，**最も注意すべき項目**ということが言えると思います。

（注：「危険物保安監督者」は，一応，この(1)のグループに入れてありますが，場合によっては，次の(2)のグループに入れた方が適切であるかもしれませんので，ここで断っておきます）

(2)　**比較的よく出題されているグループについて**

　このグループは，(1)のグループほどの出題頻度はありませんが，それでも2〜3回に1回程度の割合で出題されているので，(1)とほぼ同様の注目度で扱う必要があるでしょう。

　「製造所等の各種手続き」については，**危険物の品名や数量などの変更，製造所等の譲渡や引渡し，および廃止などの届出先や届出期限**などが重要です。

(3)　**たまに出題されるグループについて**

　このグループについては，(1)や(2)に比べて注目度は大きくダウンしますが，それでも「製造所等の区分」では，各製造所名とその説明が各々並べてあり，「このうち誤っているものはどれか。（または正しいものはどれか。）」というような総合問題が時おり見られます。

　また，最近の傾向としては，「危険物施設保安員」に関する問題がよく出題されているので，こちらの方も注目する必要があるでしょう。

　「製造所等の位置・構造・設備等の基準」に関しては，特に，「移動タンク貯蔵所」「屋外貯蔵所」「給油取扱所」「販売取扱所」についての出題が他の製造所等に比べて多いようです。具体的には，「移動タンク貯蔵所」では，**タンクの容量や標識，及び消火設備**について，「屋外貯蔵所」では，**貯蔵が可能な危険物の種類や容器の積み重ね高さ**など，「給油取扱所」では**給油空地の距離**について，そして「販売取扱所」では，何といっても，**第1種と第2種の指定数量の倍数**が重要で，その他，店舗を設置する場所（⇒　1階）も覚えておく必要があります。

以上がおおよその出題傾向ですが，これらのポイントをよく押さえながら，より出題される確率の高いものから重点的に学習を進めていくとが合格への近道となります。

危険物と指定数量

スゴク  重要

乙4すっきり重要事項　NO.1

1. 危険物の定義とは？

　消防法別表第1の品名欄に掲げる物品で，同表に定める区分に応じ同表の性質欄に掲げる性状を有するもの。

2. 危険物の分類

　危険物には第1類から第6類まであり，それぞれに属する主な品名は次のようになっています。（類別欄の（性質）はぜひ覚えておこう）

表1-1　消防法別表第1（注：主な品名のみです⇒詳細は p.275）

類別（性質）	品　　　名
第1類（酸化性固体）	品名が〇〇酸塩類，または，〇〇素酸塩類，となっているもの 例）硝酸塩類，塩素酸塩類
第2類（可燃性固体）	鉄粉，金属粉，赤りん，硫化りん，硫黄，マグネシウムなど
第3類（自然発火性及び禁水性物質）	カリウム，ナトリウム，黄りんなど
第4類（引火性液体）	次ページの表参照
第5類（自己反応性物質）	有機過酸化物，硝酸エステル類，ニトロ化合物，シアゾ化合物など。
第6類（酸化性液体）	過塩素酸，過酸化水素，硝酸など

（次の物質については，危険物には含まれていないので，注意が必要です。
塩酸，消石灰，液体酸素，プロパン，アセチレンガス，水素，オゾン……など）

3. 指定数量

　指定数量とは，「危険物についてその危険性を勘案して政令で定める数量」のことをいいます。

表1−2　第4類の危険物と指定数量（注：水は水溶性，非水は非水溶性）

品名	引火点	性質	主 な 物 品 名	指定数量
特殊引火物	−20℃以下		ジエチルエーテル，二硫化炭素，アセトアルデヒド，酸化プロピレンなど	50ℓ
第1石油類	21℃未満	非水	ガソリン，ベンゼン，トルエン，酢酸エチル，エチルメチルケトンなど	200ℓ
		水	アセトン，ピリジン	400ℓ
アルコール類			メタノール，エタノール	400ℓ
第2石油類	21℃以上70℃未満	非水	灯油,軽油,キシレン,クロロベンゼン	1000ℓ
		水	酢酸，アクリル酸，プロピオン酸	2000ℓ
第3石油類	70℃以上200℃未満	非水	重油,クレオソート油,ニトロベンゼンなど	2000ℓ
		水	グリセリン，エチレングリコール	4000ℓ
第4石油類	200℃以上250℃未満		ギヤー油，シリンダー油など	6000ℓ
動植物油類	250℃未満		アマニ油，ヤシ油，ナタネ油など	10000ℓ

第1編

危険物と指定数量

試験によく出る問題と解説

危険物について

【問題 1】 でるぞ〜

次のうち，危険物の説明として消防法令上正しいのはどれか。

(1) 第1類から第6類まで分類されているが，危険性の特に高いものを特類として扱う場合がある。

(2) 消防法でいう危険物とは，「消防法別表第1の品名欄に掲げる物品で，同表に定める区分に応じ，同表の性質欄に掲げる性状を有するものをいう。」となっている。

(3) 危険物は，危険性の度合いに応じて，甲種,乙種,丙種に分類されている。

(4) 消防法別表第1の品名欄に掲げる物品は，すべて常温(20℃)において，

解　答

解答は問題の次のページの下欄にあります。

液体，固体，または気体である。

(5)　危険物は，類の数が増すほど危険性も大きくなる。

(1)　第1類から第6類まで分類されている，というのは正しいですが，特類という区分はありません。

(3)　このような区分もありません。

(4)　液体または固体であり，気体の危険物，というのはありません。

(5)　類を表す数字と危険性の大小とは関係がありません。

【問題2】 でるぞ〜

次のうち，消防法別表第1に危険物の品名として掲げられているものはいくつあるか。

A　一酸化炭素　　　　B　過塩素酸塩類　　　　C　過酸化水素
D　アセチレンガス　　E　黄りん

(1)　1つ　　　(2)　2つ　　　(3)　3つ　　　(4)　4つ　　　(5)　5つ

　Bの過塩素酸塩類は第1類の危険物，Cの過酸化水素は第6類の危険物，Eの黄りんは第3類の危険物として消防法別表第1に載っているので，従って，(3)の3つが正解です。なお，AとDは気体なので，消防法でいう危険物には該当しません（当然，消防法別表第1にも載っていません）。

【問題3】

次のうち，消防法別表第1に危険物の品名として掲げられていないものはいくつあるか。

「酸素，赤りん，プロパン，炭化カルシウム，硫酸，硝酸，窒素ガス」

(1)　1つ　　　(2)　2つ　　　(3)　3つ　　　(4)　4つ　　　(5)　5つ

　酸素とプロパン，窒素ガスは気体なので，消防法でいう危険物ではありま

解　答

解答は次ページの下欄にあります。

せん。また，硫酸も消防法別表第1には記載されてないので，危険物には該当しません。よって，(4)が正解です。

　ちなみに，赤りんは第2類の，過酸化水素と硝酸は第6類の，そして炭化カルシウムは第3類の危険物です。

【問題4】 でるぞ～

　次のうち，法別表第1に掲げてある品名の説明として，正しいのはどれか。
(1)　ガソリンは，第2石油類に属する危険物である。
(2)　重油は，第4石油類に属する危険物である。
(3)　ジエチルエーテルは，第1石油類に属する危険物である。
(4)　灯油は，第3石油類に属する危険物である。
(5)　グリセリンは，第3石油類に属する危険物である。

解説

(1)　ガソリンは，第1石油類に属する危険物です。
(2)　重油は，第3石油類に属する危険物です。
(3)　ジエチルエーテルは，特殊引火物に属する危険物です。
(4)　灯油は，第2石油類に属する危険物です。

【問題5】 でるぞ～

　法別表第1備考に掲げる品名の説明として，次のうち誤っているものはどれか。
　A　特殊引火物とは，ジエチルエーテル，二硫化炭素その他1気圧において，発火点が100℃以下のもの又は引火点が−40℃以下で沸点が20℃以下のものをいう。
　B　第1石油類とは，アセトン，ガソリンその他1気圧において引火点が0℃未満のものをいう。
　C　第2石油類とは，灯油，軽油その他1気圧において引火点が21℃以上70℃未満のものをいう。
　D　第3石油類とは，重油，クレオソート油その他1気圧において引火点が

解　答

70℃ 以上 200℃ 未満のものをいう。

E　第4石油類とは，ギヤー油，シリンダー油その他1気圧において引火点が 200℃ 以上 250℃ 未満のものをいう。

(1)　A　　　　(2)　A，B　　　　(3)　B　　　　(4)　B，D　　　　(5)　C，E

 解説

A　引火点と沸点の数値が逆になっています。正しくは，引火点が−20℃ 以下で沸点が 40℃ 以下です（この数値は，文章題での出題例がある）。

B　第1石油類は，引火点が 21℃ 未満のものをいいます。

なお，アルコール類と動植物油類については，次のようになっています。

・アルコール類：1分子を構成する炭素の原子数が1個から3個までの飽和1価アルコール（変性アルコールを含む）をいう（含有量が 60% 未満の水溶液を除く）

・動植物油類：動物の脂肉等又は植物の種子若しくは果肉から抽出したものであって，1気圧において引火点が 250℃ 未満のものをいう。

指定数量について

【問題6】 でるぞ〜

法令上，同一の貯蔵所において，次の危険物を同時に貯蔵する場合，貯蔵量は指定数量の何倍か。

軽油………………………………3000 ℓ

ガソリン…………………………1000 ℓ

エタノール………………………2000 ℓ

(1)　10 倍　　　(2)　11 倍　　　(3)　12 倍　　　(4)　13 倍　　　(5)　14 倍

解説

P 23 の表より，軽油の指定数量は 1000 ℓ なので，3000 ℓ は 3000／1000＝3 倍，ガソリンの指定数量は 200 ℓ なので，1000 ℓ は 1000／200＝5 倍，エタノールの指定数量は 400 ℓ なので，2000／400＝5 倍。よって，3＋5＋5＝13 倍となります。

解　答

【4】…(5)

【問題7】

指定数量以上の危険物の貯蔵，取り扱いについては消防法で規制しているが，指定数量未満の危険物を貯蔵，取り扱う場合の規制として，次のうち正しいものはどれか。

(1) 危険物の規制に関する規則で規制されている。

(2) 危険物の規制に関する政令で規制されている。

(3) 指定数量未満の危険物に関しては市町村条例で規制されている。

(4) 消防法施行規則により規制されている。

(5) 指定数量未満の危険物に関しては都道府県条例で規制されている。

指定数量<u>以上</u>は**消防法**，指定数量<u>未満</u>は**市町村条例**で規制，となっています。

なお，指定数量以上の危険物の貯蔵，取り扱いについては，「仮貯蔵，仮取り扱い」とも関連があるので，P33の＜仮貯蔵，仮使用＞と重複しますが，類題をあげておきます。

＜類題＞仮貯蔵，仮取り扱い

指定数量以上の危険物を，製造所等以外の場所で貯蔵したり取り扱うことは原則としてできないが，10日以内に限り貯蔵，取り扱いができる，とされているのは次のどの場合か。

(1) 市町村長の許可を受けたとき

(2) 都道府県知事に届け出たとき

(3) 所轄消防長の承認を受けたとき

(4) 所轄消防署長の許可を受けたとき

(5) 消防団長の承認を受けたとき

指定数量<u>以上</u>の危険物を10日以内に限り仮貯蔵，仮取り扱いすることが認められるのは，「所轄消防長または消防署長の**承認**を受けたとき」となっています。

解　答

【5】…(2)　　　　　　　　　　　　【6】…(4)

【問題8】

　危険物の指定数量の記述について，次のうち誤っているのはどれか。

(1)　重油の指定数量は，200ℓ入りドラム缶10本分である。

(2)　灯油の指定数量は，200ℓ入りドラム缶5本分である。

(3)　ガソリンの指定数量は，200ℓ入りドラム缶2本分である。

(4)　軽油の指定数量は，200ℓ入りドラム缶5本分である。

(5)　エチルアルコールの指定数量は，200ℓ入りドラム缶2本分である。

(1)　重油は第3石油類の非水溶性で，指定数量は2000ℓなので正しい。

(2)　灯油は第2石油類の非水溶性で，指定数量は1000ℓなので正しい。

(3)　ガソリンは第1石油類の非水溶性で，指定数量は200ℓなので誤りです。

(4)　軽油は灯油と同じく第2石油類の非水溶性なので，指定数量は1000ℓで正しい。

(5)　アルコール類の指定数量は，400ℓなので正しい。

【問題9】

　法令上，危険物の指定数量の説明として，次のうち正しいものはどれか。

(1)　第1石油類と第2石油類では，第1石油類の指定数量の方が大きい。

(2)　第2石油類と第3石油類では指定数量が異なる。

(3)　第4石油類と動植物油類とでは指定数量が同じである。

(4)　特殊引火物と第1石油類では特殊引火物の指定数量の方が大きい。

(5)　アルコール類と第1石油類の水溶性では指定数量が同じである。

　　第4類危険物の指定数量は，表1-2（P23）のようになっており，この表を参照しながら問題を考えると

(1)　指定数量は，この表の上から下へ向かって大きくなるので，従って，第1石油類と第2石油類とでは，第2石油類の指定数量の方が大きくなり，

<hr>

解　答

【7】…(3)　　　　　　　　　　　　＜類題＞…(3)

よって，誤りです。

(2)　第2石油類の水溶性のものと第3石油類の非水溶性のものはともに2000 ℓ なので，同じものもあり，誤りです。

(3)　表からわかるように，第4石油類の指定数量が6000 ℓ，動植物油類の指定数量が10000 ℓ なので誤りです。

(4)　特殊引火物が50 ℓ，第1石油類の非水溶性のものが200 ℓ，水溶性のものが400 ℓ なので，「第1石油類の方が大きい」が正しい。

(5)　アルコール類と第1石油類の水溶性のものの指定数量は，ともに400 ℓ なので正しい。

【問題10】

ある貯蔵所において，ガソリンを40 ℓ と重油を200 ℓ 入りドラム缶で 2本，軽油を 2 本貯蔵している。灯油をあと，200 ℓ 入りドラム缶で何本貯蔵すれば，指定数量以上貯蔵している，ということになるか。

(1)　1本　　　(2)　2本　　　(3)　3本　　　(4)　4本　　　(5)　5本

（P 23 の表1－2参照）指定数量の倍数計算は，倍数＝貯蔵量／指定数量という分数で表されます。この倍数の合計が1以上になったときに，「指定数量以上」ということになります。従って，各危険物の倍数を求めると，

ガソリンの指定数量は200 ℓ なので，40 ℓ は　40/200＝0.2

重油の指定数量は2000 ℓ なので，400 ℓ は　400/2000＝0.2

軽油の指定数量は灯油と同じく1000 ℓ なので，400 ℓ は 400/1000＝0.4，となります。よって，倍数の合計は，0.2＋0.2＋0.4＝0.8 となり，あと灯油を指定数量の0.2倍貯蔵すれば，「指定数量以上」ということになります。

灯油の指定数量は1000 ℓ なので，0.2倍は1000×0.2＝200 ℓ となり，200ℓ 入りドラム缶1本，ということになります。

解　答
【 8 】…(3)　　　　　　　　　　　　　【 9 】…(5)

こうして覚えよう！

　ガソリン，灯油，軽油，重油などの，第4類危険物の中でも重要な危険物の指定数量は，次のゴロ合わせで頭の中にたたきこもう。

ガン	と	銃
ガソリン	灯油(軽油)	重油
ニ	セは	ニセ
200ℓ	1000ℓ	2000ℓ

【問題11】

　ある貯蔵所に，特殊引火物を25ℓ，水溶性の第1石油類を1000ℓ，nプロピルアルコールを1200ℓ，非水溶性の第2石油類を2000ℓ，水溶性の第3石油類を8000ℓ，第4石油類を6000ℓ貯蔵している。その総量は指定数量の何倍になるか。

　(1)　4.5倍　　　(2)　6倍　　　(3)　9倍　　　(4)　11倍　　　(5)　13倍

　(P23の表1-2を参照) 前の問題ではガソリンや灯油など，ごく一部の指定数量についての覚え方を紹介しましたが，ここでは全体の指定数量の覚え方について紹介します。

こうして覚えよう! ＜指定数量＞
（「ツ」は，2＝ツウより2を表します。）

ゴ	ツイ	よ	銭湯	フ	ロ	満員
50ℓ	200ℓ	400ℓ	1000ℓ	2000ℓ	6000ℓ	10000ℓ

（特殊）（1石油）（アルコール）（2石油）（3石油）（4石油）（動植物）

　なお，石油類はよく出てくる「非水溶性」の数値のみ記してあります。
あまり出てきませんが，「水溶性」は〝その倍〟だと覚えてください。

指定数量
オーバーだよ〜!

ガラ
ガラッ

じゃ〜ん!

　さて，このゴロ合わせも利用して指定数量の倍数計算をすると，まず，各指
定数量は，特殊引火物が50ℓ，水溶性の第1石油類が400ℓ（非水溶性の〝倍〟），
アルコールが400ℓ，非水溶性の第2石油類が1000ℓ，水溶性の第3石油類が
4000ℓ，第4石油類が6000ℓ となります。

　したがって，倍数計算は，

$$倍数の合計 = \frac{貯蔵量}{指定数量} \quad の合計$$

$$= \frac{25}{50} + \frac{1000}{400} + \frac{1200}{400} + \frac{2000}{1000} + \frac{8000}{4000} + \frac{6000}{6000}$$

$$= 0.5 + 2.5 + 3 + 2 + 2 + 1$$

$$= 11 \quad となります。$$

> 　指定数量の合計じゃが，たとえば，危険物をA，B，Cとす
> ると，「A，B及びCそれぞれの貯蔵量を，それぞれの指定
> 数量で除して得た値の和。」ということになる。このA，B，
> Cを使った文章題の出題例があるので，注意が必要じゃよ。

<u>解　答</u>

乙4すっきり重要事項　NO. 2

1. 製造所等の区分

・製造所等というのは，製造所，貯蔵所，取扱所の3つのことをいいます。

表1-3　製造所等の区分

製造所	危険物を製造する施設

表1-4　貯蔵所の区分

	屋内貯蔵所	屋内の場所において危険物を貯蔵し，または取扱う貯蔵所
貯蔵所	屋外貯蔵所 **こうして覚えよう！** **外は西，異様な** 屋外 2・4類 いおう **イカは飛んでいる** 引火 0℃	屋外の場所において（下線部はゴロに使う部分） ① 第2類の危険物のうち硫黄または引火性固体（引火点が0℃以上のもの） ② 第4類の危険物のうち，特殊引火物を除いたもの（第1石油類は引火点が0℃以上のものに限る→したがって，ガソリンは貯蔵できない） を貯蔵し，または取扱う貯蔵所
	屋内タンク貯蔵所	屋内にあるタンクにおいて危険物を貯蔵し，または取扱う貯蔵所
	屋外タンク貯蔵所	屋外にあるタンクにおいて危険物を貯蔵し，または取扱う貯蔵所
	地下タンク貯蔵所	地盤面下に埋設されているタンクにおいて危険物を貯蔵し，または取扱う貯蔵所
	簡易タンク貯蔵所	簡易タンクにおいて危険物を貯蔵し，または取扱う貯蔵所
	移動タンク貯蔵所 （タンクローリーなど）	車両に固定されたタンクにおいて危険物を貯蔵し，または取扱う貯蔵所

表1-5　取扱所の区分

取扱所	給油取扱所	固定した給油施設によって自動車などの燃料タンクに直接給油するための危険物を取扱う取扱所
	販売取扱所	店舗において容器入りのままで販売するための危険物を取扱う取扱所 第1種販売取扱所：指定数量の15倍以下 第2種販売取扱所：指定数量の15倍を超え40倍以下
	移送取扱所	配管及びポンプ，並びにこれらに附属する設備によって危険物の移送の取扱いをする取扱所
	一般取扱所	給油取扱所，販売取扱所，移送取扱所以外の危険物の取扱いをする取扱所

2.　製造所等の設置と変更

① 　製造所等を**設置**または位置や構造及び設備を**変更**するときは**市町村長等**＊の**許可**が必要です（＊消防本部，消防署が置かれていない市町村は**都道府県知事**）。

② 　製造所等を設置（または変更）して実際に使用を開始するまでの流れ

| 設置(変更)許可申請 | ⇒ | 許可 | ⇒ | 工事を開始 | ＊ | 完成 | ⇒ | 完成検査申請 |
| ⇒ | 完成検査 | ⇒ | 完成検査済証交付 | ⇒ | 使用開始 | （＊液体危険物の場合，ここで完成検査前検査が必要） |

3.　仮貯蔵と仮使用 重要

(1)　**仮貯蔵・仮取扱い**

　・原則として，**指定数量以上の危険物は製造所等以外の場所で貯蔵したり取扱うことはできません**が，「**消防長または消防署長**」の**承認**を受けた場合は，**10日以内**に限りできます。

　　　仮貯蔵・仮取扱い⇒　**指定数量以上を10日以内**

(2)　**仮使用**
・製造所等の位置，構造，または設備を変更する場合に，**変更工事に係る部分以外の部分の全部または一部**を，**市町村長等の承認**を得て**完成検査前**に仮に使用することをいいます。

> 仮使用⇒　変更工事以外の部分を承認を得て仮に使用

試験によく出る問題と解説

製造所等の区分

【問題12】
　製造所等の区分の説明として，次のうち正しいものはどれか。
(1)　屋内貯蔵所…………屋内にあるタンクにおいて危険物を貯蔵し，または取扱う貯蔵所
(2)　移動タンク貯蔵所…鉄道の車両に固定されたタンクにおいて危険物を貯蔵し，または取扱う貯蔵所
(3)　給油取扱所…………配管及びポンプ並びにこれらに付属する設備によって地下タンク貯蔵所または屋内タンク等に給油するため危険物を取り扱う取扱所
(4)　屋外タンク貯蔵所…屋外にあるタンクにおいて危険物を貯蔵し，または取扱う貯蔵所
(5)　第2種販売取扱所…店舗において容器入りのままで販売するため指定数量の15倍以下の危険物を取扱う取扱所

　(1)は屋内タンク貯蔵所の説明で，屋内貯蔵所は，「屋内の場所において，危険物を貯蔵し，または取扱う貯蔵所」となっています。
　(2)の移動タンク貯蔵所は「鉄道の車両」ではなく，単に「車両」となっています。
　(3)の1行目は，移送取扱所についての説明の一部で，給油取扱所は，「固定した給油設備によって，自動車等の燃料タンクに直接給油するため，危険

| 解　答 |

解答は次ページの下欄にあります。

物を取り扱う取扱所」となっています。

　⑸は，第1種販売取扱所についての説明で，第2種販売取扱所の場合は，「指定数量の倍数が**15を超え40以下**」となっています。

【問題 13】

　次の文は，屋外貯蔵所において貯蔵できる危険物を説明したものである。（　）内の A～C に当てはまる語句の組み合わせは，次のうちどれか。

　屋外貯蔵所において貯蔵できる危険物は，「第2類の危険物のうち（　A　），（　A　）のみを含有するもの若しくは引火性固体（引火点が（　B　）のものに限る）または第4類危険物のうち（　C　）（引火点が（　B　）のものに限る），アルコール類，第2石油類，第3石油類，第4石油類若しくは動植物油類」に限る。

	A	B	C
⑴	黄りん	20℃ 以上	特殊引火物
⑵	硫黄	0℃ 以上	第1石油類
⑶	黄りん	0℃ 以上	特殊引火物
⑷	赤りん	20℃ 以上	第1石油類
⑸	硫黄	0℃ 以上	特殊引火物

⑴⑶　黄りんは第2類ではなく第3類の危険物です。

⑷　赤りんは第2類の危険物ですが，屋外貯蔵所に貯蔵できる危険物の中には入っていません。

⑸　特殊引火物は屋外貯蔵所には貯蔵できません。

【問題 14】

　次のうち，屋外貯蔵所において貯蔵できる危険物の組み合わせとして，正しいものはどれか。

　A　赤りん，灯油，アセトン

　B　重油，引火性固体（引火点が0℃ 以上のものに限る），エチルアルコール

　C　硫黄，クレオソート油，第2石油類のうち非水溶性のもの

D   よう素酸塩類, アマニ油, ガソリン
E   シリンダー油, カリウム, 鉄粉
(1) A, C   (2) A, E   (3) B, C   (4) B, D   (5) C, E

問題13の文より, A～Eの危険物の適, 不適を考えると,

A   赤りんは第2類の危険物ですが, 屋外貯蔵所には貯蔵できません。
    また, アセトンは第1石油類で「引火点が0℃以上のもの」ではないの
    で (-20℃) これも貯蔵できません。
B, C   すべて貯蔵できます。
D   よう素酸塩類は第1類の危険物なので貯蔵できません。アマニ油は, 第
    4類危険物の動植物油類なので貯蔵できます。ガソリンは第1石油類です
    が「引火点が0℃以上のもの」ではないので (-40℃), これも貯蔵でき
    ません。
E   シリンダー油は, 第4類危険物の第4石油類なので貯蔵できますが, カ
    リウムは第3類の危険物なので貯蔵できません。鉄粉は第2類の危険物で
    すが, 屋外貯蔵所には貯蔵できません。
    従って, 正解はB, Cの(3)となります。

製造所等の設置と変更

【問題15】

法令上, 次の文の( )内のA～Cに当てはまる語句の組合わせとして, 正し
いものはどれか。

「製造所等(移送取扱所を除く)を設置するためには, 消防本部及び消防署
を設置している市町村の区域では当該(A), その他の区域では当該区域
を管轄する(B)の許可を受けなければならない。

    また, 工事完了後には許可どおり設置されているかどうかの(C)を受
けなければならない。」

	A	B	C
(1)	消防長又は消防署長	市町村長	機能検査
(2)	市町村長	都道府県知事	完成検査

解 答

【13】…(2)

(3)	市町村長	都道府県知事	機能検査
(4)	消防長	市町村長	完成検査
(5)	消防署長	都道府県知事	機能検査

　P33，2の①より，（A）は市町村長等の許可，（B）は都道府県知事の許可が必要になります。また，（C）は，同じくP33の②のブロック図より，工事完了後は，完成検査を申請して受ける必要があります。

【問題16】

次のA〜Eのうち，正しいものをすべて掲げているものはどれか。

A　完成検査前検査を受けようとする者は，検査の区分に応じた工事の工程が完了してから市町村長等に申請しなければならない。

B　容量が1000kℓ未満の屋外タンク貯蔵所の液体危険物タンクが完成検査前検査を受ける場合は，水張検査又は水圧検査のみ実施すればよい。

C　固体の危険物のみを貯蔵し，取り扱うタンクの場合，完成検査前検査を受けることを要しない。

D　完成検査前検査において，適合していると認められた事項については，完成検査前検査を受けることを要しない。

E　すべての製造所等は，完成検査を受ける前に市町村長等が行う完成検査前検査を受けなければならない。

(1)　A　　　　　(2)　A，B　　　(3)　C，D

(4)　A，C，D　　(5)　B，C，D

A　完成検査前検査は，工程が完了してからではなく，<u>工事の工程ごとに市町村長等に申請</u>しなければなりません。

B　完成検査前検査には，①　水張検査又は水圧検査　②　基礎，地盤検査③　溶接部検査の3種類があり，②と③については，1000kℓ以上の液体危険物を貯蔵する屋外貯蔵タンクに限られています。

　従って，容量が1000kℓ未満の屋外タンク貯蔵所の場合は，①の検査のみ

実施すればよいので，正しい。

C　完成検査前検査は，**液体**の危険物に対する検査なので，正しい。

D　正しい。

E　すべての製造所等ではなく，**液体**の危険物を貯蔵し，または取り扱うタンクを設置または変更する製造所等です（指定数量未満の液体危険物タンクを設置する製造所と一般取扱所も除外されている）。

（B，C，Dが正しい。）

【問題 17】

法令上，**市町村長等の許可**について，次のうち正しいものはどれか。

(1)　移動タンク貯蔵所を常置する場所を他の都道府県に変更する場合は，都道府県知事の許可が必要である。

(2)　製造所等の所有者等の氏名又は住所および法人にあっては代表者の氏名を変更する場合は，市町村長の許可が必要である。

(3)　2以上の市町村にわたって設置される移送取扱所については，双方の市町村長の許可が必要である。

(4)　2以上の都道府県にわたって設置される移送取扱所については，双方の都道府県知事の許可が必要である。

(5)　設置許可を受けた工事が完成した場合，すぐに使用開始となるのではなく，その前に完成検査済証の交付を受けなければならない。

 解説

(1)　この場合は，市町村長等の**許可**が必要になります。

(2)　この場合は，市町村長に遅滞なく届け出ます。

(3)　この場合は，**都道府県知事**の許可が必要になります。

(4)　この場合は，**総務大臣**の許可が必要になります。

(5)　手続きの流れは，次のようになります。

設置許可申請⇒許可⇒工事開始⇒

工事完成⇒完成検査申請⇒

完成検査⇒完成検査済証交付⇒

使用開始

工事開始前には「許可」が必要です

解　答

仮貯蔵及び仮使用

【問題 18】　でるぞ～

次の下線部 A～E のうち，誤っているものはどれか。

「(A)指定数量以上の危険物は危険物製造所等以外の場所で貯蔵したり取扱うことはできない。ただし，(B)市町村長等の(C)許可を受けた場合は(D)1 週間以内に限り，指定数量以上の危険物を製造所等以外の場所で仮に貯蔵及び取扱うことができる。」

(1)　A，C　　(2)　B，C，D　　(3)　B，D　　(4)　C　　(5)　C，D

解説

正解は，「(A)指定数量以上の危険物は危険物製造所等以外の場所で貯蔵したり取扱うことはできない。ただし，(B)**消防長，または消防署長**の(C)**承認**を受けた場合は(D)**10 日以内**に限り，指定数量以上の危険物を製造所等以外の場所で仮に貯蔵及び取扱うことができる。」。従って，B，C，D が誤りです。

【問題 19】　でるぞ～

給油取扱所を仮使用するとき，次のうち正しいものはどれか。

(1)　給油取扱所の設置許可を受けたが，完成検査前に使用したいので仮使用申請をした。

(2)　給油取扱所で専用タンク含む全面的な変更許可を受けたが工事中も業務を休めないので変更部分について仮使用申請をした。

(3)　給油取扱所の完成検査で一部不合格になったが，合格した部分のみ使用したいため仮使用申請をした。

(4)　専用タンクの取替え工事中，鋼製ドラムから自動車の燃料タンクに直接給油するため仮使用申請をした。

(5)　タンクの改装許可を受けたが，変更部分以外を使用したいため仮使用申請をした。

解　答

【17】…(5)

前問より，仮使用をまとめると次のようになります。

> 仮使用⇒　**変更**工事**以外**の部分を**承認**を得て**仮に使用**

つまり，**変更工事**に関する手続きなので，(1)は「設置許可」となっているので，誤りです。また，仮使用は「変更工事に係る部分**以外**の部分」を仮に使用する手続きなので，(2)は「変更部分」，(3)は「合格した部分」となっているので，誤りです。(4)は，自動車の燃料タンクに給油する際は，固定給油設備を使用する必要があるので誤りです。(5)は，「変更工事に係る部分**以外**の部分」を仮に使用するための申請なので，正しい。

　　　　仮貯蔵と仮使用とは何かと間違いやすいので，ポイントを把握しておこう。

○　**仮貯蔵**⇒　「消防長，または消防署長」の
　　　　　　　「承認」を得て「10日以内の仮貯蔵」

○　**仮使用**⇒　「市町村長等」の「承認」を得て
　　　　　　　「完成検査前」に仮使用

【問題20】

次の下線部 A～E のうち，誤っているものはどれか。

「仮使用とは，(A)製造所等を変更する場合に，(B)変更工事に係る部分の全部または一部を，(C)市町村長等の(D)許可を得て(E)変更工事の開始前に仮に使用することをいう。」

　(1)　A，C　　(2)　B，D，E　　(3)　B，E　　(4)　C，D，E　　(5)　D，E

　　正解は，「仮使用とは，(A)製造所等を変更する場合に，(B)変更工事に係る部分**以外の部分**の全部または一部を，(C)市町村長等の(D)**承認**を得て(E)**完成検査前**に仮に使用することをいう。」。従って，B，D，E が誤りです。

解　答

製造所等の各種手続き・義務違反に対する措置

乙4すっきり重要事項　NO.3

1. 製造所等の各種手続き 重要

製造所等においては，次の場合に届出が必要になってきます。

表1−6

	届出が必要な場合	提出期限	届出先
1	危険物の**品名，数量**または**指定数量の倍数**を変更する時	変更しようとする日の10日前まで	市町村長等
2	製造所等の**譲渡**または**引き渡し**	遅滞なく	
3	製造所等を**廃止**する時		
4	**危険物保安統括管理者**を選任，解任する時		
5	**危険物保安監督者**の選任，解任する時		

2. 義務違反に対する措置 スゴク重要

市町村長等は，所有者等の次のような行為に対し次の(1)または(2)の命令を発令することができます（使用停止は定めた期間だけ）。

(1) **許可の取り消し，または使用停止**

① （位置，構造，設備を）**許可を受けずに変更**したとき。

② （位置，構造，設備に対する）修理，改造，移転などの**命令に従わなか**ったとき。

③ 完成検査済証の交付前に製造所等を使用したとき。または**仮使用の承認**を受けないで製造所等を使用したとき。

④ **保安検査**を受けないとき（政令で定める屋外タンク貯蔵所と移送取扱所に対してのみ）。

⑤ **定期点検**を実施しない，記録を作成しない，または保存しないとき。

(2) **使用停止**

① 危険物の貯蔵，取扱い基準の**遵守命令に違反**したとき。

② **危険物保安統括管理者**を選任していないとき，またはその者に「保安に関する業務」を統括管理させていないとき。

③　危険物保安監督者を選任していないとき，またはその者に「保安の監督」をさせていないとき。

④　危険物保安統括管理者または危険物保安監督者の解任命令に従わなかったとき。

試験によく出る問題と解説

製造所等の各種手続き

【問題21】

法令上，危険物を取り扱う場合において，必要な申請書類及び申請先の組み合わせとして，次のうち正しいものはどれか。

	申請内容	申請の種類	申請先
(1)	製造所等の位置，構造または設備を変更するとき	許可	市町村長等
(2)	製造所等の位置，構造または設備を変更しないで取扱う危険物の品名，数量または指定数量の倍数を変更するとき	許可	消防長，消防署長
(3)	指定数量以上の危険物を製造所等以外の場所で1週間，仮貯蔵するとき	10日前までに届け出る	消防長，消防署長
(4)	製造所等を廃止するとき	10日前までに届け出る	市町村長等
(5)	危険物保安監督者を解任したとき	遅滞なく届け出る	消防長，消防署長

(2)の場合は許可ではなく10日前までに届け出る必要があり，また，申請先は市町村長等です。(3)の仮貯蔵は届出ではなく承認です（10日前という期日も関係ありません）。申請先は正しい。(4)の廃止の届出は「遅滞なく届け出る」です。申請先は正しい。(5)の申請先は市町村長等です。

解　答

解答は次ページの下欄にあります。

【問題 22】  でるぞ〜

製造所等の手続きについて，次のうち正しいものはどれか。

A　危険物の品名は変更せず，数量と指定数量の倍数のみを変更する場合は，届け出をする必要はない。

B　危険物の品名，数量または指定数量の倍数を変更しないで，屋内タンク貯蔵所の位置，構造または設備を変更する場合は許可の手続きが必要である。

C　製造所等を設置するときは，市町村長等に申請して許可を受けなければならない。

D　屋外貯蔵所において，貯蔵している重油を灯油に変更する場合，市町村長等に遅滞なく届け出る。

E　変更許可を受けなければ，変更工事に着手してはならない。

(1)　A，E　　　(2)　B，C，E　　　(3)　B，E

(4)　C，D　　　(5)　C，D，E

 解説

A　数量と指定数量の倍数のみを変更する場合でも，<u>10 日前までに届け出</u>をする必要があります。

B　この設問は，法令の条文の説明（問題 21 の(2)参照）とは逆のケースで，品名や数量などを変更しなくても製造所等の位置，構造または設備を変更する場合は**許可**の手続きが必要になってくるので正しい。

C　正しい。

D　重油を灯油に変更する場合は「品名の変更」にあたるので（第 3 石油類⇒第 2 石油類），A と同じく<u>10 日前までに</u>届け出をする必要があります。

E　正しい。

従って，B，C，E の(2)が正解です。

（第 3 石油類　⇒　第 2 石油類）

解　答

【問題23】

次のうち，許可が必要なものはどれか。

A　予防規程の内容を変更するとき。

B　工事の完成検査済証の交付前に製造所等を使用したいとき。

C　製造所等の変更工事を実施したいとき。

D　危険物保安統括管理者を解任したいとき。

E　屋内貯蔵所において，貯蔵する危険物の品名を変更したいとき。

⑴　A　　　　⑵　B，D　　　⑶　C　　　⑷　C，E　　　⑸　D

A　予防規程の内容を**変更する**ときは，**定めたとき**と同様，市町村長等の**認可**が必要です。

Bは許可を受けることはできず，仮に完成検査済証の交付前に製造所等を使用すると許可の取り消し又は使用停止命令を受ける事由になります。
（注：変更工事の場合は，市町村長等の承認を得れば完成検査前の仮使用は可能です）

C　許可を受ける必要があります。

D　危険物保安統括管理者の選任や解任は**届出**事項です。

E　これもDと同じく届出事項です（10日前に届け出る必要があります）。

【問題24】

次のうち，届出が必要なものはどれか。

A　危険物施設保安員を定めたとき。

B　屋内タンク貯蔵所の設備を変更する工事において，その工事以外の部分を使用したいとき。

C　製造所等を譲渡または引渡しを受けたとき。

D　指定数量以上の危険物を製造所等以外の場所で2週間，仮貯蔵したいとき。

E　製造所等の用途を廃止するとき。

⑴　A，C　　　　　⑵　A，C，E　　　　⑶　B，D

⑷　B，D，E　　　⑸　C，E

解　答

【22】…⑵

解説

　A　危険物施設保安員を選任，解任しても届出は不要です。

　C，Eは遅滞なく**市町村長等**に届け出る必要があります。

　なお，Cの譲渡または引渡しの届け出人は，「譲受人または引渡しを受けた者は許可を受けた者の**地位を承継**し遅滞なく届け出る」，となっているので，譲り受けた者（または引渡しを受けた者）が届け出をするのであって，譲り渡した者ではないので念のため。

　B　工事以外の部分を使用，というのは仮使用に関する手続きで，その際必要なのは市町村長等の**承認**です。

　Dの仮貯蔵が認められるのは10日以内なので誤りです。また，その際の手続きは届出ではなく，仮使用と同じく**承認**です。

義務違反に対する措置

【問題25】 でるぞ～

　法令上，市町村長等から製造所等に対し，製造所等の設置許可を取り消される事由として，次のうち誤っているものはどれか。

(1)　完成検査を受けないで，製造所等を使用したとき。

(2)　製造所等の構造の不備について，市町村長等から技術上の基準に適合するよう命令を受けたが，そのまま使用を継続したとき。

(3)　予防規程を定めなければならない製造所等において，予防規程を定めなかったとき。

(4)　定期点検を実施しなければならない製造所等において，定期点検を実施していないとき。

(5)　製造所等の位置，構造又は設備を，許可を受けないで変更したとき。

 解説

　予防規程関連（「定めない」，「承認を受けずに変更」など）では，設置許可は取り消されません（作成義務違反にはなる）。

【問題 26】 でるぞ～

　法令上，市町村長等から製造所等の所有者等に対する，使用停止命令の対象となる事由に該当しないものはどれか。

(1) 製造所において，危険物保安監督者に危険物の取扱作業に関して保安の監督をさせていないとき。

(2) 屋外タンク貯蔵所において，危険物保安監督者を定めていないとき。

(3) 給油取扱所において，所有者等に対する危険物保安監督者の市町村長等の解任命令に違反したとき。

(4) 移送取扱所において，危険物保安監督者が免状の返納命令を受けたとき。

(5) 屋内貯蔵所において，危険物の貯蔵及び取扱い基準にかかわる市町村長等の遵守命令に違反したとき。

解説

　使用停止命令を考える場合は，P 41 の **2．義務違反に対する措置** の(1)と(2)の両方を思い出す必要があります。

　よって，(1)，(2)は「(2)の③」，(3)は「(2)の④」，(5)は「(2)の①」に該当するので，使用停止命令の対象となりますが，(4)は「(1)と(2)」のいずれにも該当しないので，これが正解です。

【問題 27】

　消防法違反と，これに対する命令の組み合わせで，次のうち誤っているのはどれか。

(1) 危険物の流出，その他の事故が発生したとき。
　　⇒　危険物施設の応急措置命令

(2) 危険物保安監督者を選任したが，その者に保安の監督をさせていないとき。
　　⇒　製造所等の許可の取り消しまたは一時使用停止命令

(3) 製造所等の位置，構造，設備が技術上の基準に適合していないとき。
　　⇒　製造所等の基準維持命令（修理，改造，移転命令）

(4) 公共の安全の維持または災害の発生の防止のため緊急の必要があると認

めたとき。

⇒　製造所等の緊急使用停止命令（一時使用停止命令）

(5)　予防規程が火災予防のためには適当でないと認められたとき。

⇒　予防規程の変更命令

　　(2)は P 42 の上の③に該当するもので，許可の取り消しではなく，**使用停止命令**のみです。

【問題 28】

次のうち，**市町村長等以外の者が命じることができるもの**はどれか。

(1)　消防法令に違反した危険物取扱者に対する免状返納命令

(2)　危険物保安監督者がその責務を怠った際の使用停止命令

(3)　走行中の移動タンク貯蔵所に対する停止命令

(4)　仮使用の承認を受けないで製造所等を使用したときの許可取り消し命令

(5)　危険物保安監督者を選任していないときの使用停止命令

(1)を命じるのは都道府県知事なので，市町村長等の中に含まれます。

(2)　市町村長等が命じます。

(3)　警察官または消防吏員が命じるので，これが正解です。

(4)は，許可の取り消し，または使用停止命令で，市町村長等が命じます。

(5)　市町村長等が命じます。

危険物の取扱者の免状を見せて下さい

警察官または消防吏員は停止を命じることができます。

解　答

【26】…(4)　　　　　　　【27】…(2)　　　　　　　【28】…(3)

4 予防規程と定期点検

乙4すっきり重要事項　NO.4

予防規程と定期点検

(1)　予防規程（危険物の保安に関して定めた規定）

① 　予防規程を定めた時と変更した時は市町村長等の認可が必要です。

② 　給油取扱所と移送取扱所とでは，指定数量に関係なく必ず定める必要が
あります（一定の指定数量以上の場合に必要な製造所等もある）。

③ 　市町村長等は，必要に応じて予防規程の変更を命じることができます。

（予防規程に定める事項はP 277にあるので必ず目を通しておこう！）

(2)　定期点検(注：点検後，届け出たり，報告する義務はない(重要))

① 　点検を行う者

・危険物取扱者（甲種，乙種，丙種）

・危険物施設保安員

☆ 　上記以外の者でも危険物取扱者の立ち会いがあれば実施できます。

② 　点検の回数　　：1年に1回以上

③ 　点検記録の保存：3年間

④ 　定期点検を実施しなければならない製造所等は次の通りです。

表1−7

①　必ず実施する必要がある製造所等（こちらが重要です！）	②　一定の指定数量以上の場合に実施する必要がある製造所等（数値は指定数量の倍数で参考程度に目を通す）
・地下タンク貯蔵所 ・地下タンクを有する製造所 ・地下タンクを有する給油取扱所 ・地下タンクを有する一般取扱所 ・移動タンク貯蔵所* ・移送取扱所（一部例外あり）	・製造所…………………　10倍以上 ・一般取扱所…………　〃 ・屋外貯蔵所…………100倍以上 ・屋内貯蔵所…………150倍以上 ・屋外タンク貯蔵所…200倍以上

（*「定期点検をしなければならない移動タンク貯蔵所は，移動貯蔵タンクの
容量が10000ℓ 以上のものである。」は誤り（⇒すべてが対象）。）

定期点検を必ず実施する施設（移送取扱所は省略）
　⇒　地下タンクを有する一定の施設と移動タンク貯蔵所
定期点検を実施しなくてもよい施設
　⇒　屋内タンク貯蔵所，簡易タンク貯蔵所，販売取扱所

試験によく出る問題と解説

予防規程と定期点検

【問題 29】

法令上，予防規程について，次のうち正しいものはどれか。

(1)　指定数量に関係なく予防規程を定めなければならないのは，給油取扱所
と移動タンク貯蔵所である。

(2)　自衛消防組織を置く事業所における予防規程は，当該組織の設置によっ
てこれに代わるものとすることができる。

(3)　予防規程は危険物取扱者が定めなければならない

(4)　予防規程を変更するときは，市町村長等に届け出なければならない。

(5)　製造所等の所有者等および従業者は，危険物取扱者以外であっても予防
規程を守らなければならない。

(1)　指定数量に関係なく予防規程を定めなければならないのは，**給油取扱所**
と**移送取扱所**です（注：すべての製造所等に必要なわけではない）。

(2)　自衛消防組織があっても，予防規程を定める必要がある製造所等には定
める必要があります。

(3)　予防規程は**所有者等**が定めます。

(4)　予防規程を変更するときは，市町村長等の**認可**が必要です。

【問題 30】

定期点検についての説明で，次のうち誤っているのはどれか。ただし，規則
で定める漏れの点検を除く。

解　答

解答は次ページの下欄にあります。

(1)　定期点検は，製造所等の位置，構造及び設備が技術上の基準に適合しているかどうかについて行う。

(2)　危険物施設保安員の立会いがあれば，危険物取扱者以外の者でも定期点検を行うことができる。

(3)　製造所等の所有者，管理者，または占有者は定期点検記録を作成しこれを保存しなければならない。

(4)　定期点検を実施しなければならない製造所等で実施していない場合は，許可の取り消しまたは使用停止命令の対象となる。

(5)　定期点検は，原則として危険物取扱者または危険物施設保安員が行わなければならない。

　　危険物施設保安員は定期点検を実施することはできますが，立会い権限はありません。立会い権限があるのは**危険物取扱者**のみです。

【問題31】

　製造所等における定期点検について，次のうち正しいものはどれか。ただし，**規則で定める漏れの点検**を除く。

(1)　点検は，原則として3箇月に1回以上実施しなければならない。

(2)　点検記録は，原則として1年間保存しなければならない。

(3)　甲種及び乙種危険物取扱者のほか，丙種危険物取扱者も危険物取扱者以外の者が行う定期点検に立会うことができる。

(4)　定期点検を行うことができる者は危険物取扱者のみである。

(5)　危険物保安統括管理者は定期点検を行うことができる。

(1)(2)　点検は<u>1年</u>に1回以上実施し（注：**報告の義務はない**⇒当然，報告の時期も定められていない），点検記録は，原則として<u>3年間</u>保存する必要があります。

(3)　丙種にも立会い権限があるので正しい（注：丙種は「危険物取り扱い」の方の立会い権限はありません）。

解　答

(4)　危険物施設保安員や危険物取扱者の立会いを受けた者も行えます。

(5)　危険物取扱者の免状を持っている危険物保安統括管理者なら定期点検を行うことができますが，単に危険物保安統括管理者というだけでは定期点検を行うことはできません。

第1編

予防規程と定期点検

＜類題＞ でるぞ～

製造所等における地下貯蔵タンク及び地下埋設配管の規則で定める漏れの点検について，次のうち誤っているものはどれか。

(1)　点検は，完成検査済証の交付を受けた日，又は前回の点検を行った日から３年を超えない日までの間に１回以上行わなければならない。

(2)　危険物取扱者の立会を受けた場合は，危険物取扱者以外の者が漏れの点検方法に関する知識及び技能を有しておれば点検を行うことができる。

(3)　点検の記録は，３年間保存しなければならない。

(4)　点検を実施しても，報告する義務は課されていない。

(5)　点検記録には，製造所等の名称，点検年月日，点検の方法，結果及び実施者等を記載しなければならない。

解説

　最近の出題傾向として，この地下貯蔵タンクや地下埋設配管の規則で定める漏れの点検については，よく出題されているので，この問題，特に(1)と(2)はよく覚えるようにしてください。さて，(1)の点検の時期ですが，タンク（二重殻タンクは除く）や配管の設置後，**15年以内のものが3年に1回**，15年を超えるものについては，**1年に1回**となっています。なお，**二重殻タンクの内殻については，漏れの点検を実施する必要はありません**。

【問題 32】 でるぞ～

　次は，指定数量の倍数に関係なく定期点検を必ず実施しなければならない製造所等をならべたものである。誤っているものはいくつあるか。

・地下タンクを有する製造所　　・地下タンク貯蔵所

・地下タンクを有する給油取扱所　　・移動タンク貯蔵所

解　答

【30】…(2)　　　　　　　　　　　【31】…(3)

・地下タンクを有する販売取扱所　　・移送取扱所（一部例外あり）
(1)　1つ　　　(2)　2つ　　　(3)　3つ　　　(4)　4つ　　　　(5)　なし

　「地下タンクを有する販売取扱所」ではなく「地下タンクを有する一般取扱所」に定期点検が義務づけられています（販売取扱所には定期点検が義務づけられていません）。

【問題33】

　次のうち，指定数量の倍数に関係なく定期点検を必ず実施しなければならないものの組合せはどれか。
　A　地下タンクを有する一般取扱所　　B　簡易タンクのみがある給油取扱所
　C　第1種販売取扱所　　　　D　移動タンク貯蔵所　　　　E　屋内タンク貯蔵所
(1)　AとB　　　(2)　AとD　　　(3)　BとC
(4)　BとE　　　(5)　CとE

　P48，表1-7の①より，Aの地下タンクを有する一般取扱所とDの移動タンク貯蔵所が該当します。

【問題34】

　次のうち，定期点検を実施しなくてもよいのはどれか。
　A　販売取扱所　　　　　　B　屋内タンク貯蔵所　　　C　移動タンク貯蔵所
　D　簡易タンク貯蔵所　　　E　地下タンクを有していない製造所
(1)　A，C　　　(2)　A，B，D　　　(3)　B，D，E
(4)　C，D　　　(5)　C，E

　（指定数量に関係なく）定期点検を実施しなくてもよいのは，簡易タンク貯蔵所，販売取扱所，屋内タンク貯蔵所です。従って，A，B，Dの(2)が正解です。
　なお，Eは指定数量が10倍以上なら実施する必要があります。

解　答

＜類題＞…(1)

＜チェック・ポイント①＞

☐ (1)　灯油の指定数量はガソリンの２倍である。

☐ (2)　重油の指定数量は 4000 ℓ である。

☐ (3)　仮使用は，市町村長等の承認を得て，10 日以内に限り仮に使用する手続きである。

☐ (4)　仮貯蔵・仮取扱いを承認するのは仮使用と同じく市町村長等である。

☐ (5)　危険物の品名，数量または指定数量の倍数を変更するときは，消防長，または消防署長に遅滞なく届け出る。

☐ (6)　点検を実施した場合は，その結果を消防長又は消防署長に報告しなければならない。

☐ (7)　製造所と給油取扱所，および一般取扱所に地下タンクがあれば定期点検を実施する必要がある。

☐ (8)　危険物取扱者が点検に立ち会った場合は，点検記録にその氏名を記載しなければならない。

＜答＞

(1)　指定数量は，灯油が 1000 ℓ，ガソリンが 200 ℓ です（P 23 参照）。→×

(2)　重油の指定数量は 2000 ℓ です（P 23 参照）。→×

(3)　10 日以内というのは，仮貯蔵に関する手続きです（P 34 参照）。→×

(4)　仮貯蔵・仮取扱いを承認するのは**消防長**，または**消防署長**で，仮使用を承認するのは**市町村長等**です。→×

(5)　変更しようとする**10 日前**までに**市町村長等**に届け出ます（P41）。→×

(6)　点検を実施しても報告義務はありません。→×

(7)　（P 49 参照）。→○　　　(8)　→○

5 危険物取扱者と保安講習

乙4すっきり重要事項　NO.5

1. 危険物取扱者及び免状 スゴク重要

(1) 免状の種類と権限など

表1−8

	取扱える危険物の種類	無資格者に立会える権限	危険物保安監督者になれるか？
甲種	全部（1〜6類）	○	○（但し6ヶ月の実務経験必要）
乙種	免状に指定された類のみ	○	○（　　　　〃　　　　）
丙種	＊指定された危険物のみ	×	×

↓

表1−9

＜＊丙種が取扱える危険物＞	＜丙種と立会い権限について＞
・ガソリン ・灯油と軽油 ・第3石油類（重油，潤滑油と引火点が130℃以上のもの） ・第4石油類 ・動植物油類	・危険物取扱いへの立ち会い 　⇒ 立ち会い権限なし ・定期点検への立ち会い 　⇒ 立ち会い権限あり

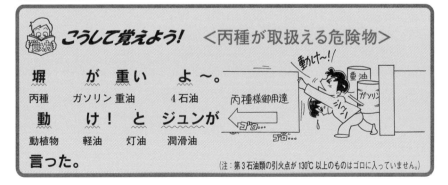

こうして覚えよう！ ＜丙種が取扱える危険物＞

塀	が	重い	よ〜。
丙種	ガソリン	重油	4石油

動	け！	と	ジュンが
動植物	軽油	灯油	潤滑油

言った。

動け〜!! 丙種様御用達

(注：第3石油類の引火点が130℃以上のものはゴロに入っていません。)

(2)　免状の手続き

表 1－10

手　続　き	内　　容	申　請　先
交付	危険物取扱者試験の合格者	試験を行った知事
「再交付」	免状を「忘失，滅失，汚損，破損」した場合	免状を交付した知事 免状の書換えをした知事
「忘失」した免状を発見した場合	発見した免状を 10 日以内に提出する	再交付を受けた知事
「書換え」	1　氏名 2　本籍地 3　免状の写真が 10 年経過した場合	免状を交付した知事 居住地の知事 勤務地の知事

 こうして覚えよう！　＜免状の手続き＞

その 1.　書換え内容

　　書換えよう，シャンとした 本　名に
　　　　　　写真　　　　　本籍　氏名

その 2.　書換えと再交付の申請先

　書換えの　近　　況　は　最高　　かぇ？
　　書換え　⇒勤務地　居住地　再交付　⇒書換えをした知事

　なお，その他，両方に共通する「免状を交付した知事」も申請先に入ります。

かぇ婆ちゃん

(3)　**免状の不交付**（知事が免状の交付を行わなくてもよい者）

　①　免状の返納から 1 年を経過しない者。

　②　（消防法等の違反で）罰金以上の刑に処せられ，執行が終わってから 2 年を経過しない者。

2．危険物の保安に携わる者

スゴク重要

(1)　**危険物保安監督者**

　「甲種または乙種危険物取扱者」で，製造所等において「危険物取扱いの実務経験が6ヶ月以上ある」者から選任して市町村長等に届け出る。

☆　乙種は免状に指定された類のみの保安監督者にしかなれません。

☆　丙種危険物取扱者は保安監督者にはなれません。

①　（指定数量に関係なく）選任する必要がある事業所

　　製造所，屋外タンク貯蔵所，給油取扱所，移送取扱所

②　選任しなくてよい事業所（＝保安監督者が不要な事業所）

　　移動タンク貯蔵所

③　危険物保安監督者の業務

　1．危険物の取扱い作業が「貯蔵または取扱いに関する技術上の基準」や「予防規程に定める保安基準」に適合するように，**作業者**に対して必要な**指示を与える**こと。

　2．火災などの災害が発生した場合は，

　　・**作業者を指揮**して応急の措置を講じる，とともに

　　　直ちに消防機関等へ**連絡**する。

　3．**危険物施設保安員**に対して必要な**指示を与える**こと。

　4．火災等の災害を防止するため，「隣接する製造所等」や「関連する施設」の関係者との**連絡を保つ**。

5．その他，危険物取扱作業の保安に関し，必要な監督業務。

(2)　危険物保安統括管理者

・大量の第4類危険物を取扱う事業所においては，**危険物の保安に関する業務を統括管理する者**を選任し**市町村長等**に届け出る。

・資格は特に必要がない。

(3)　危険物施設保安員

・一定の製造所等で危険物保安監督者の補佐を行う。

・選任および解任した時の届け出は**不要**で，資格も必要がない。

表1-11　危険物の保安に携わる者のまとめ

	資　格	届け出	届け出先
危険物保安統括管理者	不　要	選任，解任時に届け出る	市町村長等
危険物保安監督者	甲種か乙種で実務経験が6ヶ月以上ある者		
危険物施設保安員	不　要	不　要	不　要

3．保安講習　(注：消防法令に違反した者が受ける講習ではありません)

(1)　受講義務のある者

・「危険物取扱者の資格のある者」が「危険物の取扱作業に従事している」場合

(2)　受講期間（⇒交付や受講後の4月1日を基準として数える）

・従事し始めた日から1年以内，その後は，「講習を受けた日以後における最初の4月1日から3年以内」に受講する。

・ただし，従事し始めた日から過去2年以内に**免状の交付か講習**を受けた者は，「その交付や受講日以後における最初の4月1日からからかぞえて**3年以内**」に受講すればよい。

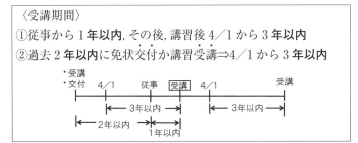

〈受講期間〉
①従事から**1年以内**，その後，講習後4／1から**3年以内**
②過去**2年以内**に免状交付か講習受講⇒4／1から**3年以内**

(3) その他
　・受講しなかった場合⇒　免状の**返納命令**の対象となる。
　・受講場所　　　　⇒　どこの都道府県で受講してもよい。

試験によく出る問題と解説

危険物取扱者及び免状

【問題35】

危険物取扱者についての説明で，次のうち誤っているのはどれか。

(1) 丙種危険物取扱者は，免状に指定された危険物を取扱うことはできるが，危険物取扱者以外の者が危険物を取り扱う場合の立会いをすることはできない。

(2) 免状の交付を受けていても，製造所等の所有者等から選任されなければ，危険物取扱者ではない。

(3) 移動タンク貯蔵所に丙種危険物取扱者が同乗すれば，ガソリンを移送することができる。

(4) 乙種第4類危険物取扱者が取り扱うことができるのは，免状に指定された危険物のみである。

(5) 製造所等において，危険物取扱者の資格がない者(無資格者)が危険物を取り扱う場合は，甲種，または乙種危険物取扱者の立会いが必要である。

(1) **丙種**危険物取扱者は，「定期点検」の立会いをすることはできますが，「危険物取扱い」の立会いをすることはできないので正しい。

(2) 所有者等から選任されなくても，免状の交付を受けていれば危険物取扱者です。

(3) 丙種危険物取扱者はガソリンを取り扱えるので，正しい。

(4)(5) 正しい。なお，(5)は，たとえ指定数量未満の取り扱いであっても危険物取扱者の立会いが必要なので注意しよう。

| 解　答 |

解答は次ページの下欄にあります。

第1編

危険物取扱者と保安講習

【問題36】

次のうち，丙種危険物取扱者が取り扱える危険物はどれか。

A　引火性固体　　　B　ガソリン　　　C　固形アルコール

D　特殊引火物　　　E　引火点が130℃以下の第3石油類

(1)　A　　　　(2)　A，C　　　(3)　B，E　　　(4)　B　　　(5)　C，E

解説

　（P54の表1−9参照）Aの引火性固体は第2類の危険物なので×，Bのガソリンは表1−9の危険物に含まれているので○。Cの固形アルコールというのは，メタノールまたはエタノールを凝固剤で固めたもので，Aの引火性固体に該当する危険物なので×。Dの特殊引火物は表1−9に含まれていないので×。Eは，丙種が取り扱えるのは引火点が130℃ <u>以下</u>ではなく，引火点が130℃ <u>以上</u>の第3石油類なので×となります。

【問題37】 でるぞ〜

　法令上，免状の交付を受けている者が，その免状の書替えを申請しなければならないものは，次のうちどれか。

(1)　危険物の取扱作業の保安に関する講習を修了したとき。

(2)　勤務先が変わったとき。

(3)　危険物保安監督者に選任されたとき。

(4)　免状の写真が，撮影した日から10年を経過したとき。

(5)　本籍地の属する都道府県を変えずに市町村を変えたとき。

解説

　P55の表1−10より，(4)が正解です。

　なお，(5)は，「住所が変わったとき。」として出題される場合があります。

　ちなみに，免状の記載事項は，①免状の交付年月日および交付番号，②氏名及び生年月日，③本籍地の都道府県，④免状の種類等，⑤過去10年以内に撮影した写真……などです。

　（注：「免状を汚損した場合は書き換え申請を行う」は×（⇒再交付申請）。）

解　答

【問題38】

　免状の書き換えの申請先として，次のうち正しいものはどれか。

A　住所地のある都道府県知事

B　免状を交付した市町村長

C　勤務先の都道府県知事

D　本籍地の消防長，または消防署長

E　免状を再交付した都道府県知事

(1)　A, B　　　　(2)　A, C　　　　(3)　A, C, E

(4)　B, D　　　　(5)　C, E

　書き換えの申請先は，「免状を交付した都道府県知事」「居住地（住んでいる所の）都道府県知事」「勤務地の都道府県知事」なので，ACのみが正しく，従って(2)が正解です（Bは市町村長が誤り，Eは再交付が誤りです）。

【問題39】

　次の文の（　）内のA〜Cに当てはまる語句の組み合わせとして，正しいものはどれか。

　「免状を亡失または滅失をしたり，あるいは汚損や破損をした場合には，再交付を申請することができる。その場合，（A）都道府県知事や（B）都道府県知事に申請する必要があるが，汚損や破損の場合には当該免状を添えて提出する必要がある。また，忘失した免状を発見した場合は，これを（C）日以内に（D）都道府県知事に提出する必要がある。」

	A	B	C	D
(1)	免状を再交付した	免状を書き換えた	7	交付を受けた
(2)	居住地の	勤務地の	10	再交付を受けた
(3)	免状を交付した	免状を書き換えた	7	交付を受けた
(4)	居住地の	本籍地の	14	免状を書き換えた
(5)	免状を交付した	免状を書き換えた	10	再交付を受けた

再交付を申請するときの都道府県知事(A, B)と，忘失した免状を提出するときの都道府県知事(D)が異なるので注意してください。なお，AとBは入れ替わっていてもかまいません。

【問題 40】

危険物取扱者の免状について，次のうち誤っているものはどれか。

(1) 免状には，甲種，乙種，丙種の３種類がある。

(2) 乙種第４類危険物取扱者は第４類の危険物の取り扱いや保安監督ができる。

(3) 消防法令に違反して免状の返納を命じられた場合，１年を経過しないと改めて免状の交付を受けることができない。

(4) 免状は，それを取得した都道府県の範囲内だけでなく全国どこでも有効である。

(5) 免状取得後は，３年ごとに更新する必要がある。

　免状を取得したからといって，更新する必要はありません（写真の書き換えは必要）。３年というのは，保安講習の受講についての期間です。

危険物の保安に携わるもの

【問題 41】

危険物保安監督者について，次のうち正しいものはどれか。

(1) 政令で定める製造所等の所有者等は，危険物取扱者の資格者の中から危険物保安監督者を定めなければならない。

(2) 危険物保安監督者を選任した時は，消防長，または消防署長に届け出る必要がある。

(3) 丙種危険物取扱者は，免状で指定された危険物についてのみ危険物保安監督者になれる。

解　答

【38】…(2)　　　　　　　　　　【39】…(5)

(4)　危険物保安監督者を選任する権限を有しているのは，製造所等の所有者，管理者，または占有者である。

(5)　危険物保安監督者は危険物施設保安員の指示に従って，保安の監督をしなければならない。

 解説

(1)(3)　単に危険物取扱者の資格者，というのではなく，製造所等において危険物取扱いの実務経験が6ヶ月以上ある甲種または乙種危険物取扱者の中から選任する必要があります（丙種は危険物保安監督者になれません）。

(2)　選任した時は市町村長等に届け出る必要があります。

(5)　問題文は逆で，危険物保安監督者の方が危険物施設保安員に対して必要な指示を行います（よく出題されているので，覚えておこう！）。

【問題 42】

次のうち誤っているのはいくつあるか。

A　政令で定める製造所等の所有者等は，危険物取扱者の資格者の中から危険物保安統括管理者を定めなければならない。

B　危険物施設保安員を置かなくてもよい製造所等の危険物保安監督者は，規則で定める危険物施設保安員の業務を行わなければならない。

C　危険物施設保安員を選任及び解任した時の届け出は市町村長等に対して行う。

D　乙種第2類危険物取扱者で実務経験が6ヶ月以上ある者は，ガソリンを取り扱う危険物施設の危険物保安監督者になることができる。

E　危険物保安監督者を解任するには，消防本部のある市町村の区域の場合，消防長，または消防署長の承認が必要である。

(1)　1つ　　　(2)　2つ　　　(3)　3つ　　　(4)　4つ　　　(5)　5つ

 解説

A　危険物保安統括管理者に危険物取扱者の資格は特に必要ではありません。

B　正しい。

解　答

【40】…(5)

C　危険物施設保安員を選任及び解任しても届け出の必要はありません。

D　乙種危険物取扱者は，免状に指定された類のみの保安監督者にしかなれないので，乙種第2類危険物取扱者は，ガソリンなど第4類危険物の保安監督者にはなることができません。

E　危険物保安監督者を選任及び解任するときは，承認ではなく届出をするだけでよく，また届出先も市町村長等です。

　　従って，誤っているのは，A，C，D，Eの4つです。

【問題43】

次のうち，危険物保安監督者を選任しなくてもよい製造所等はどれか。

(1)　給油取扱所　　　　(2)　移動タンク貯蔵所

(3)　地下タンク貯蔵所　(4)　製造所

(5)　屋外タンク貯蔵所

解説

　(1)(4)(5)は，指定数量に関係なく危険物保安監督者を選任する必要がある危険物施設です（その他，移送取扱所も必要です）。

　(3)は，危険物の種類や一定の指定数量のときに選任する必要があります。

　<類題>　危険物の品名，指定数量の倍数にかかわらず，危険物保安監督者を定めなければならない施設を4つ答えよ（答はP56，(1)の①）。

【問題44】

次のうち，危険物保安監督者の業務として定められていないものはどれか。

(1)　危険物の取扱い作業の保安に関し必要な監督業務を行う。

(2)　製造所等の位置，構造または設備の変更，その他法に定める諸手続に関する業務を行う。

(3)　火災などが発生した場合は，作業者を指揮して応急の措置を講じる。

(4)　危険物施設保安員をおく製造所等にあっては，危険物施設保安員に必要な指示を与える。

(5)　火災等の災害を防止するため，隣接する製造所等や関連する施設の関係

解　答

【41】…(4)　　　　　　　　　　　【42】…(4)

者との間に連絡を保つ。

(2) このような業務は含まれていません。

【問題 45】

　法令上，製造所等の所有者等が危険物施設保安員に行わせなければならない業務として，次のうち誤っているものはどれか。

(1) 製造所等の構造及び設備を技術上の基準に適合するように維持するため，定期及び臨時の点検を行う。

(2) 計測装置，制御装置，安全装置等の機能が適正に保持されるように保安管理する。

(3) 危険物取扱者が旅行や疾病などで，その職務を行うことができないときに，その代行をする。

(4) 火災が発生したとき，またはその危険性が著しいときは，危険物保安監督者と協力して，応急の措置を講じる。

(5) 定期及び臨時の点検を行ったときは，点検を行った場所の状況及び保安のために行った措置を記録し，保存する。

(3) このような業務は含まれていません。なお，以上の他に，「構造及び設備に異常を発見した場合は危険物保安監督者，その他関係のある者に連絡するとともに，状況を判断して適当な措置を講じること」という業務も含まれています。

保安講習

【問題 46】

　法令上，危険物取扱者の保安に関する講習について，次のうち正しいものはどれか。

(1) 危険物取扱者であれば，すべて3年に1回受講しなければならない。

(2)　危険物施設保安員であれば，すべて受講しなければならない。

(3)　危険物保安監督者に選任されている危険物取扱者のみが，この講習を受けなければならない。

(4)　現に危険物の取り扱い作業に従事していない危険物取扱者は，この講習を受ける必要はない。

(5)　法令違反を行った危険物取扱者は，違反の内容により講習の受講を命ぜられることがある。

(1)　すべてではなく，危険物取扱者のうち「現に危険物の取扱い作業に従事している危険物取扱者」です。もう少し詳しく説明すると，「①　危険物取扱者の資格を有する者」が「②　危険物の取扱い作業に従事している」場合に講習を受ける必要がある，というわけです。ここのところをよく把握する必要があります**(丙種も受講義務があるので間違わないように！)**。

(2)　危険物施設保安員にそのような義務はありません。

(3)　危険物保安監督者に選任されていない危険物取扱者でも，危険物の取扱い作業に従事していれば講習を受ける必要があります。

(4)　(1)の解説より正しい。

(5)　法令違反を行った者が受ける講習ではありません。

【問題 47】 でるぞ〜

危険物取扱者の保安に関する講習について，次のうち誤っているものはどれか。

(1)　製造所等において，危険物の取り扱い作業に従事することになった日から原則として1年以内に受講する必要がある。

(2)　製造所等において，危険物の取り扱い作業に従事している危険物取扱者は，原則として前回講習を受けた日以後における最初の4月1日からかぞえて3年以内に講習を受けなければならない。

(3)　危険物の取り扱い作業に従事する日の前，2年以内に危険物取扱者の免状の交付を受けている場合は，その交付日から1年以内に受講すればよい。

解　答

(4)　危険物の取り扱い作業に従事する日の前，2年以内に講習を受けている
　　場合は，その講習を受けた日以後における最初の4月1日からかぞえて3
　　年以内に受講すればよい。

(5)　講習を受けなければならない危険物取扱者が講習を受けなかった場合
　　は，免状の返納命令を受けることがある。

　保安講習の受講時期については，次の公式を覚えておこう。

> ＜原則＞・従事し始めた日から**1年以内**，その後は，講習を受けた日<u>以後</u>
> 　　　　における最初の**4月1日から3年以内**
> 　例外⇒・従事し始めた日から過去**2年**以内に**免状の交付**か**講習**を受けた
> 　　　　者は，その交付や受講日<u>以後</u>における最初の**4月1日**からかぞ
> 　　　　えて**3年以内**

　従って，(3)の「2年以内に<u>免状の交付</u>を受けている場合」は，「2年以内に
<u>講習</u>を受けている場合」と同様，「その交付日から」ではなく，「その交付や
受講日以後における最初の4月1日から」3年以内に受講すればよいので，
誤りです。

【問題48】

次のうち，危険物の保安講習の受講時期が過ぎているものはどれか。

(1)　危険物取扱者の免状を取得してすぐに危険物の取り扱い作業に従事し，
　　その日から1年9ヶ月経過している。

(2)　4年前に危険物取扱者の免状を取得し，その後危険物の取り扱い作業に
　　従事せず，1年2ヶ月前に新たに危険物の取り扱い作業に従事している。

(3)　危険物取扱者の資格は有していないが，危険物取扱者の立会いのもとで
　　危険物の取り扱い作業に4年従事している。

(4)　危険物の取り扱い作業に従事する日の前，2年以内に保安講習を受け，
　　その受講日以後における最初の4月1日からかぞえて2年6ヶ月経過して
　　いる。

(5)　10年前に危険物取扱者の免状を取得し，その後危険物の取り扱い作業
　　には従事していない。

解　答

【46】…(4)

まず，前問の原則を思い出そう。

> ＜原則＞・従事し始めた日から1年以内，その後は，講習を受けた日以後
> 　　　　　における最初の4月1日から**3年以内**
> 　例外⇒・従事し始めた日から過去2年以内に免状の交付か講習を受けた
> 　　　　　者は，その交付や受講日以後における最初の4月1日からかぞ
> 　　　　　えて**3年以内**

　(1)は，従事開始から「過去2年以内に免状の交付を受けた場合」に該当するので，その交付や受講日以後における最初の4月1日からかぞえて3年以内に受講すればよく，1年9ヶ月では受講時期がまだ来ていない，ということになります。

(2)　従事開始の1年2ヶ月前に戻ると，その日より2年10ヶ月前に危険物取扱者の免状を取得しているので，「過去2年以内に免状の交付を受けた場合」に該当せず，従って，原則どおり，従事開始から1年以内に受講する必要があります。よって，「1年2ヶ月前に取り扱い作業に従事」ということは，従事開始から1年経過している，ということなので，受講時期が過ぎている，ということになります。

(3)　資格のないものには受講義務はありません。

(4)　問題では講習を受けたあと，危険物の取り扱い作業に従事しているのか，そうでないかがわかりませんが，仮に従事していればその日以後における最初の4月1日からかぞえて3年以内なので，受講時期がまだ来ていない，ということになります。
　　（従事していなければ当然，受講義務はありません）。

(5)　危険物の取り扱い作業に従事していないので，受講義務はありません。

解　答

【47】…(3)　　　　　　　　　　【48】…(2)

危険物取扱者と保安講習

第1編

6 製造所等の位置・構造・設備等の基準その①

乙4すっきり重要事項　NO.6

保安距離と保有空地

（1）保安距離（災害の影響を受けないよう，保安対象物までとる距離のこと）

　　① 保安距離が必要な危険物施設（P.277 の表を参照）
　　　　製造所，屋内貯蔵所，屋外貯蔵所，屋外タンク貯蔵所，一般取扱所

　　② 建築物（保安対象物という）までの保安距離（注：外壁までの距離）
　　　　・特別高圧架空電線（7000～35000 ボルト以下）……………………3 m 以上
　　　　・特別高圧架空電線（35000 ボルトを超えるもの）………………5 m 以上
　　　　・住居（製造所等の敷地内にあるものを除く）………………………10 m 以上
　　　　・高圧ガス等の施設 ……………………………………………………20 m 以上
　　　　・多数の人を収容する施設（学校，病院など）……………………30 m 以上
　　　　・重要文化財等 …………………………………………………………50 m 以上

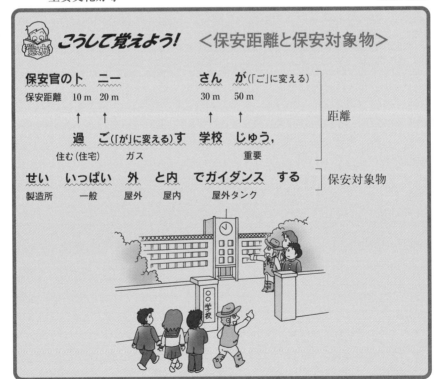

(2) 保有空地（ほゆうくうち）

　　火災時の消火活動や延焼防止のため製造所等の周囲に設ける空地のことを
いい，必要とする施設は保安距離が必要な施設に**簡易タンク貯蔵所**（屋外に
設置するもの）と，**移送取扱所**（地上設置のもの）を加えた7つの施設です。

保有空地が必要な施設⇒　保安距離が必要な施設＋簡易タンク貯蔵所
＋移送取扱所

試験によく出る問題と解説

【問題49】

　法令上，学校や病院等の建築物から，一定の距離を保たなければならない旨
の規定が設けられている製造所等は，次のうちどれか。

(1) 屋内タンク貯蔵所　　(2) 第一種販売取扱所

(3) 屋外タンク貯蔵所　　(4) 簡易タンク貯蔵所

(5) 地下タンク貯蔵所

　　前ページの①参照。(3)の屋外タンク貯蔵所以外は保安距離が不要です。

【問題50】

　法令上，学校や病院等の建築物から，一定の距離を保たなければならない旨
の規定が設けられていない製造所等は，次のうちどれか。

(1) 一般取扱所　　　　　(2) 屋外貯蔵所

(3) 屋外タンク貯蔵所　　(4) 製造所

(5) 給油取扱所

　　前問とは逆に，設けられていない製造所等を問うているので，前ページの
①に掲げてある製造所等以外のものを探せばよいわけです。従って，(5)の給
油取扱所ということになります。

　　（注：距離は，製造所等の**外壁**から対象となる建築物の**外壁**までの距離で

　　解　答

解答は次ページの下欄にあります。

す。）

【問題51】

　法令上，製造所等から，一定の距離を保たなければならない旨の規定が設けられていない建築物は，次のうちどれか。

(1) 住居（製造所の敷地内にあるもの）　　(2) 液化石油ガス施設

(3) 映画館　　　　　　　　　　　　　　　(4) 重要文化財

(5) 病院

　P 68 の②参照。(1)の住居は，製造所の敷地内にあるものは保安距離が不要です。(2)の液化石油ガス施設は高圧ガス等の施設になるので必要。(3)の映画館と(5)の病院は「多数の人を収容する施設」となるので必要。また(4)の重要文化財も必要です。

【問題52】

　法令上，製造所等から次の建築物までは，一定の距離（保安距離）を保つ必要があるが，次のうち，その組み合わせで正しいものはどれか。

	対象物	保安距離
(1)	公会堂，映画館，病院	40 m
(2)	重要文化財	50 m
(3)	大学，旅館	30 m
(4)	住宅（敷地内）	10 m
(5)	幼稚園	20 m

　(1)，(5)は P 68 の②より，多数の人を収容する施設であり，保安距離は30 m 以上なので，誤り。また，(3)の大学や旅館は，多数の人を収容する施設に含まれておらず誤り（保安距離は不要）。(4)は敷地外にある住宅が対象で

あり，敷地内は対象外です。

【問題 53】

　次の製造所等のうち，周囲に一定の空地（保有空地）を確保する必要はあるが，学校や病院等の建築物から，一定の距離（保安距離）を保つ必要がない製造所等は，次のうちどれか。

(1)　一般取扱所　　　　(2)　屋内貯蔵所

(3)　屋外タンク貯蔵所　(4)　屋外貯蔵所

(5)　簡易タンク貯蔵所(屋外に設置するもの)

　P 69 の(2)より，保有空地が必要な施設⇒　保安距離が必要な施設＋**簡易タンク貯蔵所**＋**移送取扱所**となっています。逆に言うと，簡易タンク貯蔵所と移送取扱所は，保有空地は必要であるが保安距離は不要，ということになります。よって，正解は(5)の簡易タンク貯蔵所，ということになります。

【問題 54】 でるぞ～

　危険物を貯蔵または取り扱う建築物やその他の工作物の周囲に，原則として空地（保有空地）を保有しなければならない製造所等のみの組み合わせはどれか。

(1)　屋外タンク貯蔵所，製造所，給油取扱所

(2)　屋内タンク貯蔵所，第 1 種販売取扱所，一般取扱所

(3)　屋内貯蔵所，一般取扱所，簡易タンク貯蔵所

(4)　製造所，屋内タンク貯蔵所，屋外貯蔵所

(5)　簡易タンク貯蔵所，屋内タンク貯蔵所，地下タンク貯蔵所

> 保有空地が必要な施設⇒　保安距離が必要な施設＋**簡易タンク貯蔵所**
> 　　　　　　　　　　　　　　　　　　　　　＋**移送取扱所**

＝製造所，屋内貯蔵所，屋外貯蔵所，屋外タンク貯蔵所，一般取扱所，簡易タンク貯蔵所，移送取扱所。従って，(1)～(5)のうち，これらの製造所等をす

解　答

【51】…(1)　　　　　　　　　　　　【52】…(2)

べて含んでいる肢が正解，ということになります。

　よって，(1)から順に確認していくと，(1)は給油取扱所が不要，(2)は屋内タンク貯蔵所と第1種販売取扱所が不要，(3)はすべて含まれている，(4)は屋内タンク貯蔵所が不要，(5)は屋内タンク貯蔵所と地下タンク貯蔵所が不要，となります。

　従って，(3)が正解となります。

　なお，空地は，延焼防止や消防活動を行うために確保するので，常に（できる限り，ではなく，あくまでも常にです！）空地にしておく必要があります。

　従って，いかなる物品といえども置くことはできないので要注意です。

　その他，「**保安距離が必要な製造所等は，保有空地も必要**」「**製造所の保有空地は，指定数量の倍数が10以下で3m以上，10を超えると5m以上必要**」も重要ポイントなので，注意してください。

製造所等の位置・構造・設備等の基準その②

乙4すっきり重要事項　NO.7

1. 建物の構造，及び設備の共通基準

(1)　構造の共通基準（＝製造所の構造の基準）

表1－12

（＊主要構造部⇒壁，柱，床，梁（はり），屋根，階段をいう。）

場　所	構　造　の　内　容
屋　根	不燃材料で造り，金属板などの軽量な不燃材料でふく。
主要構造部＊	不燃材料で造る（**屋内貯蔵所**，屋内給油取扱所および延焼の恐れのある外壁は**耐火構造**とする。
窓，出入り口	①　**防火設備**（または**特定防火設備**）とする。 ②　ガラスを用いる場合は**網入りガラス**とする（厚さの規定はない）。
床（液状の危険物の場合）	①　危険物が浸透しない構造とする。 ②　適当な**傾斜**＊をつけ，貯留設備を設ける（＊段差や階段はNG！）。
地　階	有しないこと。

(2)　設備の共通基準（＝製造所の設備の基準）

表1－13

設　備	設　備　の　内　容
採光，照明設備	建築物には**採光**，**照明**，**換気**の設備を設ける。
蒸気排出設備と電気設備	可燃性蒸気等が滞留する恐れのある場所では， ・蒸気等を<u>屋外</u>の<u>高所</u>に排出する設備 ・防爆構造の電気設備 を設ける。
静電気を除去する装置	静電気が発生する恐れのある設備には，**接地**など静電気を有効に除去する装置を設ける。
避雷設備	危険物の指定数量が**10倍以上**の施設に設ける。（製造所，屋内貯蔵所，屋外タンク貯蔵所，一般取扱所のみ）

(3)　タンク施設に共通の基準

表1-14

タンクの外面	錆止め塗装をする。
タンクの厚さ	3.2mm 以上の鋼板で造る。
液体の危険物を貯蔵する場合	危険物の量を自動的に表示する装置を設ける。
圧力タンク以外のタンクの場合（移動貯蔵タンク除く）	・**通気管**（無弁または大気弁付）を設けること。（圧力タンクの場合は**安全装置**を設ける） ・通気管の高さは地上 **4 m 以上**とし（例外有），建物の窓等から **1 m 以上**離す。

2. 各危険物施設の基準　（注：安は保安距離，有は保有空地です）

（細かい数値に惑わされず，概略を把握するつもりで目を通そう）

(1)　**製造所**　安○，有○

その他は，P73(1)　**構造の共通基準**と(2)　**設備の共通基準**を参照。

(2)　**屋内貯蔵所**　安○，有○

①　**平屋建てとし（一部例外有り）天井は設けない**こと。

②　容器に収納した危険物の温度は 55℃ を超えないこと。

③　容器の積み重ね高さは 3 m 以下とすること（例外有り）。

④　床面積は 1,000 m² 以下，軒高(地盤面から軒まで)は 6 m 未満とすること。

重要

(3)　**屋外貯蔵所**　安○，有○

①　容器の積み重ね高さは **3m以下**，架台の高さは **6m未満**とすること。

②　湿潤でなく排水の良い場所に設けること（容器の腐食を防ぐため）。

③　貯蔵可能な危険物

・**第2類**の危険物のうち硫黄または引火性固体

・**第4類**の危険物（特殊引火物は除く）

（引火性固体，第1石油類は引火点が 0℃ **以上**のものに限る⇒ガソリン，アセトン，ベンゼン等は貯蔵できない）

(4)　**屋内タンク貯蔵所**　安×，有×

タンクと壁，及びタンク相互の間隔は 0.5m以上あけること。

(5) **屋外タンク貯蔵所** 安○，右○

①　防油堤*の容量（＊二硫化炭素には不要です）
・タンク容量の110% 以上（＝1.1 倍以上）とすること。
・タンクが２つ以上の場合⇒**最大のタンク容量**の110% 以上とする。

②　防油堤の高さは0.5m以上とすること。

③　水抜き口（防油堤内の滞水を外部に排水するもの）と，これを開閉する弁（通常は**閉**）を設け，防油堤に水がたまった場合，弁を開けて排水する。

④　タンクの容量に**制限はない**。

(6) **地下タンク貯蔵所** 安×，右×

①　タンク頂部から地盤面までは0.6m**以上**，タンクと壁は0.1 m **以上**の距離をとること。

②　タンクの周囲には，危険物の漏れを検査する漏えい検査管を**4箇所以上**設けること。（液体の危険物の地下貯蔵タンクへの注入口は**屋外**に設ける）

③　**第5種消火設備**を**2個以上**設置すること。

(7) **簡易タンク貯蔵所** 安×，右○

①　タンクの容量は600 ℓ **以下**とすること。

②　タンクの個数は**3基以下**とすること（同一品質の危険物は2基以上不可）

(8) **移動タンク貯蔵所** 安×，右×

①　タンクの容量は30,000 ℓ **以下**とし，内部に4,000 ℓ **以下**ごとに区切った**間仕切り板**を設けること。

②　車両の前後の見やすい箇所に「**危**」の標識を掲げること。

③　危険物の類，品名，最大数量を表示する設備を見やすい箇所に設ける。

④　自動車用消火器を**2個以上**設置すること。

⑤　タンクの底弁は，使用時以外は**閉鎖**しておくこと。

⑥　規定の書類を常時（**移送中も！**）備えておくこと。

(9) **販売取扱所** 安×，右×

・第1種販売取扱所　指定数量の倍数が**15 以下**のもの
・第2種販売取扱所　指定数量の倍数が**15 を超え 40 以下**のもの
（店舗は建築物の**1階**に設置すること。）

(10)　給油取扱所

① 間口 10m 以上，奥行 6m 以上の給油空地を保有すること。

② ・専用タンク：容量に制限なし

　　・廃油タンク：10,000 ℓ 以下

③ 地下専用タンクの計量口のふたは，残油量を確認したらすぐに閉めること（注入が終了するまで開け放しにしない）。

試験によく出る問題と解説

【問題 55】　　共通（＝製造所）の基準

法令上，危険物を取り扱う配管について，次のうち誤っているものはどれか。

(1) 配管は，その設置される条件及び使用される状況に照らして十分な強度を有するものとし，かつ，当該配管に係る最大常用圧力の1.5倍以上の圧力で水圧試験を行ったとき，漏えいその他の異常がないものでなければならない。

(2) 配管を地上に設置する場合は，点検及び維持管理の作業性並びに配管の腐食防止を考慮して，できるだけ地盤面に接しないように設置すること。

(3) 配管を地上に設置する場合は，地震，風圧，地盤沈下，温度変化による伸縮等に対し，安全な構造の支持物により支持すること。

(4) 配管を地下に設置する場合は，その上部の地盤面を車両等の重量物が通行しない位置とすること。

(5) 配管を地下に設置する場合は，配管の接合部分については，接合部分からの危険物の漏洩を点検するため，ふたのあるコンクリート造りの箱に収納する等の措置を講ずること。

　　危険物の規制に関する規則の第13条の4，第13条の5などからの出題です。それによると，(4)は，「その上部の地盤面を車両等の重量物が通行しない位置とすること」ではなく，「その上部の地盤面にかかる重量が配管にかからないように保護する」となっており，車両等の重量物が通行する位置でも，重量がかからないように保護をすればよいので，誤りです。

解　答

解答は問題のある次のページの下欄にあります。

【問題 56】

製造所の基準について，次のうち誤っているのはどれか。

(1) 静電気が発生する恐れのある設備では，接地など静電気を有効に除去する装置を設けること。

(2) 危険物を加圧する設備または圧力が上昇するおそれのある設備には，圧力計及び安全装置を設けること。

(3) 危険物を加熱し，または乾燥する設備には，直火を用いないこと。

(4) 可燃性蒸気や可燃性の微粉が滞留する恐れのある場合には，それらを屋外の低所に排出する設備を設けること。

(5) 建築物には採光，照明，換気の設備を設けること。

解説

　製造所の基準は，危険物施設に共通の基準でもあるので，よく覚えておく必要があります。

　さて，その共通の基準ですが，(1)(2)(3)(5)はその通りですが，(4)は屋外の低所ではなく，高所に（強制的に）排出する設備を設ける必要があるので，誤りです（⇒　このポイントはよく出題されるので必ず覚えておこう！）。

屋内貯蔵所

【問題 57】

　法令上，指定数量の倍数が 50 を超えるガソリンを貯蔵する屋内貯蔵所の位置・構造・設備等の技術上の基準について，次のうち誤っているのはどれか。

(1) 容器に収納した危険物の温度は 55℃ を超えないようにすること。

(2) 床面積は 1000m² 以下とすること。

(3) 避雷設備を設けること。

(4) 軒高は 10 m 未満とし，床は地盤面より下に設けること。

(5) 同一品名の自然発火するおそれのある危険物または災害が著しく増大する恐れのある危険物を多量に貯蔵するときは，指定数量の 10 倍以下ごとに区分し，かつ 0.3m以上の間隔をおいて貯蔵すること。

解　答

【55】…(4)

(3)は P 73，表 1−13 の避雷設備を参照。(4)の床は，地盤面<u>以上</u>に設ける必要があり，また，軒高（地盤面から軒までの高さ）は 6 m 未満です。

【問題 58】

　第 4 類危険物を取り扱う屋内貯蔵所の技術上の基準について，次のうち不適当なものはどれか。

(1)　窓，出入り口にガラスを用いる場合は網入りガラスとすること。

(2)　建築物には採光，照明のための設備のほか，換気のための設備も設ける必要がある。

(3)　可燃性蒸気や可燃性の微粉が滞留する恐れのある場合には，それらを屋外の高所に排出する設備を設けること。

(4)　開口部には防火設備を設けること。

(5)　地階を設ける場合は，耐火構造のものとすること。

　(1)から(4)は危険物施設に共通の基準です。(5)は，構造の共通基準に「地階を設けないこと」とあるので，誤りです。

屋外貯蔵所

【問題 59】

　次のうち，屋外貯蔵所で貯蔵できない危険物はいくつあるか。

　アセトン，メチルアルコール，軽油，ガソリン，二硫化炭素，重油

(1)　1つ　　　(2)　2つ　　　(3)　3つ　　　(4)　4つ　　　(5)　5つ

　屋外貯蔵所で貯蔵できるのは，第 2 類の危険物のうち<u>硫黄</u>または<u>引火性固体</u>と第 4 類の危険物のうち，<u>特殊引火物を除いたもの</u>です（引火性固体，第 1 石油類は引火点が 0℃ 以上のものに限る）。従って，アセトンとガソリンは第 1 石油類ですが，引火点がアセトンが−20℃，ガソリンが−40℃ なの

で×（0℃以上ではないので）。メタノール，軽油，重油は，特殊引火物以外の第4類危険物なので○。二硫化炭素は特殊引火物なので×となります。従って，アセトン，ガソリン，二硫化炭素の3つが貯蔵できない，となります。

【問題60】

　屋外貯蔵所において，貯蔵または取扱うことのできる危険物の組み合わせで正しいのは次のうちどれか。

　(1)　メタノール，ガソリン，キリ油，

　(2)　特殊引火物，第2石油類，第1石油類（引火点が0℃以上のもの）

　(3)　重油，タービン油，黄りん

　(4)　アセトン，酸化プロピレン，クレオソート油

　(5)　硫黄，引火性固体（引火点が0℃以上のもの），第3石油類

　（P 74，2の(3)を参照しながら）

　(1)　ガソリンは，引火点が0℃以上の第1石油類ではないので×。

　(2)　特殊引火物のみ×。(3)黄りんは第3類危険物なので×。

　(4)　アセトンは，引火点が0℃以上の第1石油類ではないので×。酸化プロ
　　　ピレンは特殊引火物なので×。

　(5)　3つともすべて貯蔵可能です。

屋内タンク貯蔵所

【問題61】 ぼちぼち…

　屋内タンク貯蔵所の位置・構造・設備等の技術上の基準について，次のうち正しいものはどれか。ただし，特例基準は除くものとする。

　(1)　屋内貯蔵タンクのタンク専用室は，原則として平屋建て以外のタンク専
　　　用室に設けること。

　(2)　保安距離，保有空地ともに確保する必要はない。

　(3)　液状の危険物を貯蔵するタンク専用室の床は，危険物が浸透しやすい構

解　答

造にし，かつ，傾斜のない構造にするとともに，貯留設備（「ためます」など）を設けなければならない。

(4)　同一のタンク専用室に2以上の屋内貯蔵タンクがある場合，それぞれのタンクの最大容量は，指定数量の40倍以下とすること。

(5)　同一のタンク専用室に2以上の屋内貯蔵タンクがある場合は，それらを合算した容量の110%以上とすること。

　(1)は，平屋建て以外ではなく，原則として平屋建てのタンク専用室に設けること，となっています。(2)は正しい（P 68 の(1)参照）。(3)は，危険物が浸透しやすい構造，ではなく，危険物が浸透しない構造にし，また，**適当な傾斜を設ける必要があります。**(4)は，それぞれのタンクの最大容量ではなく，合計した容量が指定数量の40倍以下とする必要があります。(5)は，屋内タンク貯蔵所にこのような規定はありません。

【問題62】 ぼちぼち…

　屋外タンク貯蔵所の位置・構造・設備等の技術上の基準について，次のうち誤っているのはどれか。

(1)　液体の危険物を貯蔵するタンクには，危険物の量を自動的に表示する装置を設けること。

(2)　圧力タンク以外のタンクには通気管を設けること。

(3)　敷地内距離とは，延焼を防止するために，屋外タンク貯蔵所のみに義務づけられたもので，タンクの中心から敷地境界線まで確保する一定の距離のことである。

(4)　保安距離，保有空地ともに確保する必要がある。

(5)　タンクの内圧が異常に高くなった場合，内部のガス等を上部に放出できる構造とすること。

(3)　敷地内距離は，屋外タンク貯蔵所のみに義務づけられたもの，というの

解　答

【60】…(5)

は正しいですが，タンクの中心から敷地境界線までではなく，タンクの<u>側板</u>から敷地境界線まで確保する一定の距離のことをいいます。

【問題 63】

屋外タンク貯蔵所の**防油堤**について，次のうち正しいものはどれか。

(1)　液体の危険物を貯蔵するすべての屋外タンク貯蔵所には防油堤を設けなければならない。

(2)　防油堤内にタンクが2以上ある場合は，それらを合算した容量の110%以上とすること。

(3)　防油堤の高さは特に制限がない。

(4)　防油堤には，内部の滞水を外部に排水するための水抜口を設けるとともに，これを開閉するための弁を外部に設けること。

(5)　防油堤内に設置するタンクの数は3以下とすること。

(1)　**二硫化炭素**は除外されています。

(2)　タンク容量を合算する（足す）のではなく，その中の<u>最大容量</u>の110%以上とする必要があります。

(3)　防油堤の高さは0.5m以上とする必要があります。

(4)　正しい。なお，「**開閉弁のない**水抜口を設けること」という出題例もありますが×なので注意（問題文の最後より，開閉弁は外部に設ける）。なお，水抜口は通常は**閉鎖**しておく必要があります。

(5)　3以下までしか設置できない，というのは簡易タンク貯蔵所においての基準です。

【問題 64】

次の4基の屋外貯蔵タンクを同一の防油堤内にもうける場合，この防油堤の必要最小限の容量として正しいのはどれか。

1号タンク…重油	1000kℓ
2号タンク…灯油	500kℓ
3号タンク…軽油	800kℓ

4号タンク…ガソリン　　　200kℓ
(1)　1000kℓ　　(2)　1100kℓ
(3)　1200kℓ　　(4)　1500kℓ
(5)　2500kℓ

　防油堤内にタンクが2以上ある場合の防油堤の容量は，その中の最大容量の110%以上とする必要があります。従って，1号タンクの重油がこの中では最大容量なので，その容量，すなわち1000kℓの110%以上とする必要があります。よって，1000kℓの110%，つまり，1.1倍の1100kℓが正解となります。

地下タンク貯蔵所

【問題65】

　法令上，地下タンク貯蔵所の位置，構造及び設備の技術上の基準について，次のうち誤っているものはいくつあるか。

　A　液体の危険物の地下貯蔵タンクの注入口は，建物内に設けなければならない。

　B　地下タンク貯蔵所には第5種消火設備を2個以上設置すること。

　C　タンクを2以上設置する場合，タンク相互は0.5m以上あけること。

　D　地下貯蔵タンクの配管は，当該タンクの頂部以外の部分に取付けること。

　E　地下貯蔵タンクは，外面にさびどめのための塗装をして，地盤面下に直接埋設しなければならない。

(1)　1つ　　　(2)　2つ　　　(3)　3つ　　　(4)　4つ　　　(5)　5つ

　Aの注入口は屋外，Cのタンク相互は1m以上，Dの配管はタンクの頂部に設けます。Eは，地盤面下に直接ではなく，原則として「地盤面下に設けられたタンク室」に設置します。（A，C，D，Eの4つが誤り。）

　なお，「地下貯蔵タンクの計量口は，危険物の注入中は開放し，注入量が

確認できるようにする」という出題例もありますが，計量口は計量時以外は閉鎖しておく必要があるので，×になります。その他，タンクの元弁，注入口の弁（ふた）なども危険物の出し入れするとき以外は閉鎖しておく必要があるので，注意してください。

簡易タンク貯蔵所

【問題66】

　法令上，簡易タンク貯蔵所の技術上の基準について，次のうち正しいものはどれか。

- (1) タンク1基の容量は30,000ℓ以下とすること。
- (2) タンクは容易に移動しやすいように設置すること。
- (3) 保安距離，保有空地ともに確保する必要はない。
- (4) 簡易貯蔵タンクに通気管は設ける必要はない。
- (5) 1つの簡易タンク貯蔵所には，簡易貯蔵タンクを3基まで設置することができるが，同一品質の危険物の場合は，2基以上設置してはならない。

- (1) タンク1基の容量は600ℓ以下です。
- (2) タンクは容易に移動しないよう，地盤面や架台などに固定する必要があります。
- (3) 保安距離は特に規制はありませんが，簡易貯蔵タンクを屋外に設ける場合は，保有空地を確保する必要があります。
- (4) 簡易貯蔵タンクにも通気管は必要です。

移動タンク貯蔵所

【問題67】

　法令上，移動タンク貯蔵所の位置・構造・設備等の技術上の基準について，次のうち誤っているのはどれか。

- (1) タンクの容量は10,000ℓ以下とし，内部に4,000ℓ以下ごとに区切った間仕切りを設けること。

解　答

【64】…(2)　　　　　　　　　　　【65】…(4)

(2)　静電気による災害が発生する恐れのある液体の危険物を貯蔵するタンクには，接地導線（アース）を設けること。

(3)　タンクの外面には，さび止めのための塗装をすること。

(4)　移動タンク貯蔵所には警報設備を設ける必要はない。

(5)　移動タンク貯蔵所の常置場所は，屋外の防火上安全な場所，または壁，床，はり，屋根を耐火構造もしくは不燃材料で造った建築物の1階とすること。

(1)　タンクの容量は**30,000 ℓ**以下です（その他は正しい）。**10,000 ℓ**というのは，給油取扱所の廃油タンクの容量です。

　　タンクの容量については，他の主な製造所等のタンク容量との比較を次にまとめておきますので，頭の中で整理しておいてください。

表1-15

簡易タンク貯蔵所	600 ℓ 以下
移動タンク貯蔵所	30,000 ℓ 以下（4,000 ℓ 以下の間仕切り必要）
給油取扱所	・専用タンク：制限なし　・廃油タンク：10,000 ℓ 以下

（注：屋外貯蔵タンクと地下貯蔵タンクは制限なし）

【問題68】

　次の文の（　）内に当てはまる語句または数値として，次のうち正しいものはどれか。

　　「移動タンク貯蔵所には，（　A　）を（　B　）個以上設置する必要がある」

	A	B
(1)	第3種消火設備	1
(2)	第4種消火設備	1
(3)	第4種消火設備	2
(4)	第5種消火設備	1
(5)	第5種消火設備	2

解　答

移動タンク貯蔵所には自動車用消火器を2個以上設置する必要があります。

消火器

販売取扱所・給油取扱所

【問題69】

販売取扱所についての説明で，次のうち誤っているものはどれか。

(1) 塗料や燃料などを容器入りのままで販売する店舗のことをいう。

(2) 指定数量の倍数が15を超え40以下の危険物を取扱う取扱所を第2種販売取扱所という。

(3) 指定数量の40倍を超える危険物を取扱う取扱所を第1種販売取扱所という。

(4) 販売取扱所は建築物の1階に設置し，かつ，出入口のしきいの高さは床面から0.1m以上とすること。

(5) 上階がある場合は，上階の床を耐火構造とすること。

販売取扱所は第1種販売取扱所と第2種販売取扱所とに区分されており，第1種販売取扱所は指定数量の倍数が「15以下のもの」を言うので(3)は誤りです。なお，第2種販売取扱所は指定数量の倍数が「15を超え40以下のもの」を言います。

【問題70】

給油取扱所の位置・構造・設備の技術上の基準について，次のうち誤っているのはどれか。

(1) 給油空地とは，固定給油設備（懸垂式を除く。）のうち，ホース機器の

解　答

　　周囲に自動車等が出入りするために設けられた間口 10 m 以上奥行 6 m 以
　　上の空地のことである。

(2)　見やすい箇所に，給油取扱所である旨を示す標識及び「火気厳禁」と掲
　　示した掲示板を設けなければならない。

(3)　地下専用タンク 1 基の容量は，30,000 ℓ 以下としなければならない。

(4)　給油取扱所に設ける事務所は，漏れた可燃性の蒸気がその内部に流入し
　　ない構造としなければならない。

(5)　事務所の窓や出入り口にガラスを用いる場合は網入りガラスとすること。

　　廃油タンクは 10,000 ℓ 以下にする必要がありますが，地下専用タンクの
方の容量は「制限なし」です。

【問題 71】

　給油取扱所の位置・構造・設備の技術上の基準について，次のうち誤ってい
るものはどれか。

(1)　給油空地や注油空地は周囲の地盤面より高くし，その表面に適当な傾斜
　　をつけ，コンクリート等で舗装すること。

(2)　保有空地は特に設ける必要はないが，学校や病院等，多数の人を収容す
　　る施設からは 30 m 以上の保安距離を確保する必要がある。

(3)　給油ホース及び注油ホースの全長は 5 m 以下とすること。ただし，懸
　　垂式は除く。

(4)　給油取扱所内には，所有者等の住居は設けてよいが，当該給油取扱所に
　　勤務する者のための住居は設けることはできない。

(5)　給油空地及び注油空地には排水溝及び油分離装置を設けなければならない。

(2)　給油取扱所には，保有空地，保安距離ともに設ける必要はありません。

(4)　正しい。なお，給油取扱所内に設置できる建築物には，その他，次のよ
　　うなものがあります（重要）。

　①　給油または灯油若しくは軽油の**詰め替えのための作業場**

解　答

② 給油取扱所の**業務を行うための事務所**

③ 給油等のために給油取扱所に出入りする者を対象とした**店舗，飲食店**または**展示場**

④ 自動車等の**点検・整備を行う作業場**

⑤ 自動車等の**洗浄を行う作業場**

⑥ 給油取扱所の**所有者等**＊が居住する**住居**またはこれらの者に係る他の給油取扱所の業務を行うための**事務所**

（付近の住民が利用するための診療所は設置できないので，注意！）

その他

【問題72】

　法令上，顧客に自ら自動車等に給油等をさせる給油取扱所における取扱いの基準として，次のうち誤っているものはどれか。

⑴ 顧客用固定給油設備以外の固定給油設備を使用して，顧客自らによる給油を行わせることができる。

⑵ 顧客用固定給油設備の1回の給油量及び給油時間の上限を，それぞれ顧客の1回あたりの給油量及び給油時間を勘案して適正に数値を設定しなければならない。

⑶ 給油ノズルは，燃料がタンクに満量になった場合，自動的に停止する。

⑷ 当該給油取扱所には，「自ら給油を行うことができる旨」「自動車等の停止位置」「危険物の品目」「ホース機器等の使用方法」を表示しなければならないが，営業時間の表示は必要ない。

⑸ 顧客の給油作業が終了したときは，制御装置を用いてホース機器への危険物の供給を停止し，顧客の給油作業が行えない状態にしなければならない。

　セルフ型スタンドにおいては，まず，顧客は，**顧客用固定給油設備**を使用して，給油を行う必要があるので，⑴が誤りです。

　なお，「当該給油取扱所は，建築物内に設置してはならない」という出題例がありますが，誤りなので，注意してください（⇒建築物内に設置できる）。

解　答

【70】…⑶　　　　　　　　【71】…⑵　　　　　　　　【72】…⑴

貯蔵及び取り扱いの基準

乙4すっきり重要事項　NO.8

スゴク重要

1．貯蔵及び取り扱いの共通基準（主なもの）

① 許可や届出をした数量（若しくは指定数量の倍数）を超える危険物，または許可や届出をした品名以外の危険物を貯蔵または取り扱わないこと。

② 貯留設備（「ためます」など）や油分離装置にたまった危険物はあふれないように随時くみ上げること。

③ 危険物のくず，かす等は1日に1回以上，危険物の性質に応じ安全な場所，及び方法で廃棄や適当な処置（焼却など）をすること。

④ 危険物を保護液中に貯蔵する場合は，**保護液から露出しないようにすること**（＝外にはみ出ないようにする）。

⑤ 類を異にする危険物は，原則として同一の貯蔵所に貯蔵しないこと。

⑥ 貯蔵所には，原則として危険物以外の物品を貯蔵しないこと。

⑦ 可燃性の液体や蒸気などが漏れたり，滞留または可燃性の微粉が著しく浮遊する恐れのある場所では，電線と電気器具とを完全に接続し，**火花を発するものを使用しないこと**。

⑧ みだりに火気を使用しないこと（注：絶対に禁止，ではない）。

⑨ 建築物等は，危険物の性質に応じた有効な遮光または換気を行うこと。

⑩ 危険物が残存している設備や機械器具，または容器などを修理する場合は，安全な場所で**危険物を完全に除去してから**行うこと。

2．廃棄する際の基準

重要

① 焼却する場合は，安全な場所で他に危害を及ぼさない方法で行い，必ず見張人をつけること。

② 危険物を海中や水中に流出（または投下）させないこと。

③ 埋没する場合は，危険物の性質に応じ，**安全な場所**で行うこと。

3．各危険物施設の基準

重要

(1) 移動タンク貯蔵所

① 移動貯蔵タンクから危険物を注入する際は，注入ホースを注入口に緊結

すること（ただし，引火点が 40℃ **以上**の危険物を指定数量未満のタンクに注入する際は，この限りでない。＝緊結しなくてもよい）

② タンクから液体の危険物を容器に詰め替えないこと。

　　ただし，引火点が 40℃ **以上**の第4類危険物の場合は詰め替えができる。この場合，

（ア）　先端部に**手動開閉装置**が付いた注入ノズルを用い

（イ）　安全な注油速度

で行うこと。

③ 引火点が 40℃ **未満**の危険物を注入する場合

⇒　移動タンク貯蔵所（タンクローリー）の**エンジンを停止**させること。

　（エンジンの点火火花による引火爆発を防ぐため）

　　なお，逆に，移動貯蔵タンク内にある引火点が 40℃ 未満の危険物を他のタンクに注入するときも，移動タンク貯蔵所の原動機を停止させる必要があります。

④ 静電気による災害の発生するおそれのある危険物を移動タンク貯蔵所に注入するときは，注入管の先端を（移動貯蔵タンクの）**底部**に着けるとともに，**接地**して出し入れを行うこと。

(2)　給油取扱所

① 固定給油設備を用いて自動車等に直接給油する。その際，自動車等のエンジンを停止させ，給油空地からはみ出ない状態で給油すること。

② 給油取扱所の専用タンク等に危険物を注入する時は，その<u>タンクに接続する固定給油（注油）設備</u>の使用を**中止**し，自動車等を注入口の近くに近づけないこと。

③ 自動車等を洗浄する時は**引火点を有する液体洗剤**を使わないこと。

　　（⇒　引火の危険があるため）

④ 物品の販売等の業務は原則として建築物の**1階**のみで行うこと。

　　（⇒　客の安全のため）

⑤ 給油の業務が行われていない時は係員**以外**の者を出入りさせないこと。

(3)　販売取扱所

① 運搬容器の基準に適合した容器に収納し，<u>容器入りのままで</u>販売すること。

② 危険物の配合は，配合室**以外**で行わないこと。

試験によく出る問題と解説

貯蔵及び取り扱いの共通基準

【問題 73】

　法令上，危険物の貯蔵及び取り扱いの技術上の基準について，次のうち誤っているのはどれか。

(1) 危険物を保護液中に貯蔵する場合は，当該保護液から露出しないようにしなければならない。

(2) 可燃性蒸気が滞留する恐れのある場所で，火花を発する機械工具，工具等を使用する場合は，注意して行わなければならない。

(3) 屋外貯蔵タンク，地下貯蔵タンク又は屋内貯蔵タンクの元弁は，危険物を出し入れするとき以外は閉鎖しておかなければならない。

(4) 危険物のくず，かす等は1日に1回以上，安全な場所で廃棄等の処置をしなければならない。

(5) 法別表第1に掲げる類を異にする危険物は，原則として同一の場所(耐火の隔壁で完全に区分された室が2以上ある貯蔵所に貯蔵する場合を除く)に貯蔵しないこと。

　(2)のような場所では「火花を発する機械工具，工具，履物（はきもの）等を使用しないこと。」となっているので，たとえ注意していても，これらのものを使用することはできません。

【問題 74】

　製造所等における危険物の貯蔵及び取り扱いの技術上の基準について，次のうち誤っているのはどれか。

(1) 係員以外の者をみだりに出入させてはならない。

(2) 危険物が残存し，又は残存しているおそれがある設備，機械器具，容器等を修理する場合は，残存する危険物に注意して溶接等の作業を行わなければならない。

解　答

解答は次ページの下欄にあります。

(3)　許可若しくは届け出された品名以外の危険物を貯蔵し，又は取り扱わないこと。

(4)　指定数量未満の危険物の貯蔵及び取扱いの技術上の基準は，市町村条例で定められている。

(5)　第3類の危険物のうち，黄りんその他水中に貯蔵する物品と禁水性物品を同一の貯蔵所において貯蔵しないこと。

 解説

(2)は前問の(2)とよく似ていますが，この場合も注意するだけでは"だめ"で，安全な場所で，かつ，危険物を完全に除去した後に作業を行います。

【問題 75】  でるぞ〜

貯蔵所における危険物の貯蔵及び取り扱いの技術上の基準について，次のうち正しいものはどれか。

(1)　貯蔵タンクを有する製造所等（移動タンク貯蔵所を除く）においては，タンクの計量口は計量時以外開放しておかなければならない。

(2)　貯蔵タンクを有する製造所等（移動タンク貯蔵所，簡易タンク貯蔵所を除く）においては，タンクの元弁および注入口のふたは，使用時（危険物の出し入れする時）以外は閉鎖しておかなければならない。

(3)　屋外貯蔵タンクの周囲に防油堤がある場合，防油堤内に水がたまらないよう，水抜き口は常時開放しておかなければならない。

(4)　「貯留設備」や油分離装置にたまった危険物はあふれないように，少なくとも1週間に1回はくみ上げる必要がある。

(5)　屋内貯蔵所や屋外貯蔵所では，容器の積み重ね高さは6m以下とする必要がある。ただし，機械により荷役する構造を有する容器のみを積み重ねる場合を除く。

解説

(1)　タンクの計量口は，計量時以外閉鎖する必要があります。

(2)　タンクの元弁及び注入口のふたは，使用時以外は閉鎖しておかなければならないので正しい。

解　答

【73】…(2)

(3)　防油堤内の水抜き口も常時**閉鎖**する必要があります。

　　　このように，①タンクの**計量口**，②タンクの**元弁**及び**注入口**のふた，③
防油堤内の**水抜き口**等は通常は「閉鎖」が正しいので，よく覚えておこう！

　　　計量口や元弁および注入口のふた⇒通常は「閉鎖」

(4)　1週間に1回ではなく，「随時」くみ上げる必要があります。

(5)　積み重ね高さは**3m以下**とする必要があります。

【問題76】

　移動タンク貯蔵所における取り扱いの基準について，次のうち正しいもの
はどれか。

　A　移動貯蔵タンクの底弁は，使用時以外は開放しておくこと。

　B　移動貯蔵タンクから危険物を貯蔵し，又は取り扱うタンクに危険物を注
　　入するときは，注入ホースの先端部を手でしっかり押さえていなければな
　　らない。

　C　移動タンク貯蔵所に第1石油類を注入する場合は，移動タンク貯蔵所の
　　エンジンを停止させなければならない。

　D　移動タンク貯蔵所に備えておかなければならない書類としては，完成検
　　査済証，譲渡，引き渡しの届出書，定期点検記録と設置許可書である。

　E　ガソリンを貯蔵していた貯蔵タンクに灯油または軽油を注入する場合
　　は，静電気等による災害を防止するための措置を講じなければならない。

(1)　A，B　　　　(2)　B，D　　　　(3)　C，D

(4)　C，E　　　　(5)　D，E

　A　移動貯蔵タンクの底弁は，使用時以外は閉鎖しておく必要があります。

　B　移動貯蔵タンクから危険物を貯蔵または取り扱うタンクに危険物を注入
　　する際は，注入ホースを注入口に緊結する必要があり，「手でしっかり押
　　さえる」というのは不適切です。

　C　エンジンを停止させる必要があるのは引火点が**40℃ 未満**の危険物を注
　　入する場合なので，引火点が21℃ 未満の第1石油類の場合，該当します。

　D　最後の設置許可書が誤りで，正しくは，「品名，数量または指定数量の

倍数変更届出書」です（表1−16参照）。

E　正しい(灯油,軽油を貯蔵していたタンクにガソリンを注入する時も同じ)。
　（C，Eが正しい）

表1−16　移動タンク貯蔵所に備える書類

＊規定の書類	1．完成検査済証	3．譲渡，引き渡しの届出書
	2．定期点検記録	4．(品名や数量などの)変更届出書

【問題77】

移動貯蔵タンクから液体の危険物を容器に詰め替えるのは原則として認められていないが，先端部に手動開閉装置が付いた注入ノズルを用い，安全な速度で注入すれば可能な危険物は，次のうちどれか。

(1)　ジエチルエーテル　　(2)　ガソリン　　　(3)　硝酸

(4)　重油　　　　　　　　(5)　メタノール

解説

容器に詰め替えることができるのは，引火点が40℃ 以上の**第4類**危険物のみです。従って，(3)の硝酸は第6類の危険物なので誤りです。

また，(1)のジエチルエーテルは引火点が−45℃，(2)のガソリンは−40℃，(5)のメタノールは12℃ と，いずれも40℃ より低いので×。

一方，(4)の重油の引火点は60℃〜150℃ と，40℃ 以上なので詰め替えが可能，となります。

【問題78】　でるぞ〜

法令上，給油取扱所における危険物の取り扱い基準について，次のうち誤っているものはどれか。

(1)　固定給油設備を使用して直接自動車の燃料タンクに給油する。

(2)　自動車に給油するときは，固定給油設備の周囲で規則で定める部分に他の自動車が駐車することを禁止する。

(3)　自動車に給油するときは，事故後すぐに退避できるように，自動車のエンジンをかけたままにしておく。

解　答

【76】…(4)

(4)　自動車の一部又は全部が給油空地から，はみ出たままで給油しない。

(5)　移動タンク貯蔵所から専用タンク等に危険物を注入する時は，そのタンクに接続する固定給油（注油）設備の使用を中止し，自動車等を注入口の近くに近づけないこと。

(3)　自動車に給油するときは，エンジンを停止する必要があります。

なお，［問題 76］の C に同じくエンジン停止に関する問題が出ていましたが，要するに，移動タンク貯蔵所にしろ一般の自動車にしろ，「（タンクに）給油するときは，原則としてエンジンを停止させなさい」ということです（移動タンク貯蔵所は引火点が **40℃ 未満**の場合のみ）。

【問題 79】

法令上，給油取扱所における危険物の取り扱い基準について，正しいものはどれか。

A　油分離装置にたまった油は，随時くみ上げること。

B　原動機付き自転車の場合，給油量が少量なのでドラム缶から手動ポンプを用いてガソリンを給油した。

C　ガソリンを給油する場合，自動車のエンジンを停止させる必要があるが，軽油の場合，引火点が 40℃ 以上なのでその必要はない。

D　顧客がプラスチック製の容器を持参したので，少量ならガソリンを給油してもかまわない。

E　自動車等を洗浄する時は引火点を有する液体洗剤を使わない。

(1)　A，D　　　(2)　A，E　　　(3)　B，E

(4)　C，E　　　(5)　E

A　正しい。

B　たとえ少量でも，固定給油設備を使用する必要があるので誤りです。

C　引火点が 40℃ 以上，というのは移動タンク貯蔵所についての取り扱い基準で出てくる条件であり（P88 の下の 3 の(1)参照），一般の自動車には

問題文のような規定はありません。従って，軽油の場合でもエンジンを停止させる必要があります。

D　たとえ少量でも，そのような容器に給油してはいけません。

E　引火の危険があるためで，正しい。

【問題 80】

次のうち，給油取扱所に給油またはこれに附帯する業務のために設けることができる建築物はいくつあるか。

A　給油取扱所の所有者等が居住する住居またはこれらの者に係る他の給油取扱所の業務を行うための事務所

B　付近の住民が利用するための診療所

C　給油または灯油若しくは軽油の詰め替えのための作業場

D　給油等のために給油取扱所に出入りする者を対象とした店舗，飲食店または展示場

E　自動車等の点検・整備を行う作業場

(1)　1つ　　(2)　2つ　　(3)　3つ　　(4)　4つ　　(5)　5つ

B以外はすべて給油取扱所内に設置できる建築物です。

なお，Eの作業場に「吹付け塗装を行うための設備」は含まないので，注意して下さい（出題されれば×）。

ちなみに，上記以外に「自動車等の洗浄を行う作業場」「給油取扱所の業務を行うための事務所」も設置することができます。

【問題 81】

次のうち，製造所等における危険物の貯蔵，取り扱いの基準で，正しいものはどれか。

(1)　危険物を海中や水中に廃棄する際は，環境に影響を与えないように少量ずつ行うこと。

(2)　類を異にする危険物は原則として同時貯蔵はできないが，第4類の危険

物と第2類と第3類，及び第5類の危険物に限っては例外的に同時貯蔵ができる。

⑶　危険物を埋没して廃棄してはならない。

⑷　移動タンク貯蔵所には，完成検査済証の他，定期点検記録，譲渡，引き渡しの届出書，品名，数量または指定数量の倍数の変更の届出書の写しを備え付けておく必要がある。

⑸　屋内貯蔵所では，容器に収納して貯蔵する危険物の温度が55℃ を超えないように必要な措置を講ずる必要がある。

⑴　危険物を海中や水中に廃棄することは，たとえ少量ずつであっても禁止されています。

⑵　問題文にあるような，類を異にする危険物は，例外を除いて同時貯蔵できないので，誤りです。なお，問題文中の危険物の組み合わせに関しては，「運搬容器の混載可能な組み合わせ」になっています（P99参照）。

⑶　危険物の性質に応じた安全な場所なら，埋没して廃棄することも可能です。

⑷　写しではなく**原本**を備え付けておく必要があります。

⑸　正しい。

【問題82】

危険物を廃棄する際の基準について，次のうち誤っているものはどれか。

⑴　危険物を海中や水中に流出（または投下）させないこと。

⑵　焼却する場合は安全な場所で見張人をつけ，他に危害を及ぼさない方法で行うこと。

⑶　廃油等は危険なので，焼却して廃棄してはならない。

⑷　埋没する場合は危険物の性質に応じ，安全な場所で行うこと。

⑸　焼却して廃棄する場合，たとえ周囲に建築物等が隣接していないような安全な場所でも，見張人をつける必要がある。

⑶　廃油等は焼却して廃棄することも可能です。

解　答

【80】…⑷

＜合格のためのテクニック"番外編"その1＞

―マーカーを効率よく利用しよう―

　これは，冒頭の「合格のためのテクニック」のその2でも説明しましたが，何かを思い出そうとする時に，視覚，つまり，映像的にそのページを思い出そうとする場合が結構あるのです。マーカーは，その思い出そうとするときの手がかりをパワーアップしてくれる有効なアイテムとなるのです。

　ただ，この場合は，一般的に行われているポイントにマーキング，というのではなく（それも必要ですが），たとえば，ページの上にあるタイトルや，表，あるいはゴロ合わせの部分などに赤や青などのマーキングをしておくのです。こうしておくと，そのページを思い出す有効な手がかりとなるのです。

　そして，その際，マーキングが鮮明なほど思い出せる確率がグッと高くなるので，できればよく目立つ色（金，銀，赤，青，緑，茶など）のみを使って，これは，と思う所のみにマーキングをしておけば，より思い出せる確率が高くなる，というわけです。

解　答

9 運搬と移送の基準

運搬と移送の違い

・運搬というのは，移動タンク貯蔵所（タンクローリーなど）以外の車両（トラックなど）によって危険物を輸送することをいいます。

・これに対して移送というのは，**移動タンク貯蔵所**（タンクローリーなど）によって危険物を輸送することをいいます。

1．運搬の基準

(1) 容器について

① 容器の材質：鋼板，アルミニウム板，ブリキ板，ガラスなど。

② 容器の表示

「危険物の品名」「＊危険等級」「化学名」「水溶性（ただし，第4類危険物のうち，水溶性の危険物のみ）」「危険物の数量」「収納する危険物に応じた注意事項」

＊危険等級（危険物を危険性の程度によりⅠからⅢまでの等級に区分したもので，出題例があるので覚えておこう！）

⇒　Ⅰ：**特殊引火物**　Ⅱ：**第1石油類（ガソリン，ベンゼン，アセトンなど）　アルコール類**　Ⅲ：Ⅰ，Ⅱ以外の第4類

第4類以外の主な危険等級

Ⅰ：第3類（**カリウム，ナトリウム，黄りん**等），第6類（**硝酸，過酸化水素**等）

Ⅱ：第2類（**赤りん，硫黄**等）

Ⅲ：Ⅰ，Ⅱ以外

こうして覚えよう！　＜容器に表示する事項＞

陽気な	ヒ	ト	なら	（アルコールの）
容器	品名	等級	名（化学名）	

量に注意		するよう
数量　注意事項		水溶

(2)　積載方法の基準

① 危険物は，原則として運搬容器に収納して積載すること。

② 容器は，収納口を上方に向けて積載すること。

③ 容器を積み重ねる場合は，高さ3m **以下**とすること。

④ **特殊引火物**は遮光性の被覆で覆うこと（日光の直射を避けるため）。

⑤ 混載*できる組み合わせ（*類の異なる危険物を同一車両で運搬すること）

　　1類－6類　　　　　3類－4類

　　2類－5類，4類　　4類－2類，3類，5類

(3)　運搬方法

① 容器に著しい摩擦や動揺が起きないように運搬すること。

② 運搬中に危険物が著しく漏れるなど災害が発生するおそれがある場合は，応急措置を講ずるとともに消防機関**等**に通報すること。

③ 指定数量以上の危険物を運搬する場合

　　1．車両の前後の見やすい位置に，「**危**」の標識（0.3m四方）を掲げること。

　　2．運搬する危険物に適応した消火設備を設けること。

2．移送の基準

① 移送する危険物を取り扱うことができる**危険物取扱者**が乗車し，**免状を**携帯すること。

② 移送開始前に，移動貯蔵タンクの**点検**を十分に行うこと（タンクの底弁，マンホール，注入口のふた，消火器など）。

③ 移動貯蔵タンクから危険物が著しく漏れるなど災害が発生するおそれのある場合は，応急措置を講じるとともに消防機関**等**に通報すること。

④ 長距離移送の場合は，原則として2名以上の運転要員を確保すること。

　なお，消防吏員または**警察官**は，火災防止のため必要な場合は，移動タンク貯蔵所を停止させ，危険物取扱者免状の提示を求めることができます。

試験によく出る問題と解説

運搬

【問題83】

　危険物の運搬について，次のうち誤っているのはどれか。

(1)　運搬容器は，収納された危険物が漏れないような構造のものとすること。

(2)　液体の危険物は，内容積の98％以下の収納率であって，かつ，55℃の温度において漏れないように十分な空間容積を有して収納すること。

(3)　運搬容器は，収納口を上方に向けて積載すること。

(4)　運搬する危険物を取り扱うことができる危険物取扱者が同乗すること。

(5)　危険物は，温度変化等により危険物が漏れないように密封して収納しなければならないが，容器内の圧力が上昇するおそれがある場合は，発生するガスが毒性又は引火性を有する等の危険性があるときを除き，ガス抜き口を設けた運搬容器に収納することができる。

　　(4)は，移送に関する規定なので誤りです（運搬の場合，危険物取扱者の同乗は必要ありません）。なお，(5)の「毒性又は引火性」は出題例があります。

【問題84】

　法令上，危険物の入った運搬容器を車両で運搬する場合の基準について，次のうち正しいものはどれか。

(1)　指定数量未満の場合，運搬容器や積載方法の基準は適用されない。

(2)　危険物は高圧のガス（内容積120ℓ以上）と同一の車両に混載することができる。

(3)　塊状の硫黄を運搬する場合は，運搬方法の技術上の基準は適用されない。

(4)　指定数量以上の危険物を運搬する場合，当該危険物に適応した消火設備を設けなければならない。

解 答

解答は次ページの下欄にあります。

(5)　指定数量未満の危険物を運搬する場合であっても，車両の前後の見やすい位置に 0.3 m 平方の黒色の板に白色の反射塗料で「危」と表示した標識を掲げなければならない。

(1)　運搬の基準は，<u>指定数量にかかわらず</u>適用されます。ちなみに，貯蔵，取扱いの基準（⇒P 88）は，指定数量以上が**消防法**，指定数量未満は**市町村条例**が適用されます。

(2)　高圧ガスが 120 ℓ **未満**の場合に限り，一定の条件下で混載することができます。

(3)　塊状の硫黄であっても適用されます（塊状の硫黄については，**屋内貯蔵所**の方で「**容器に収納せずに貯蔵できる**」という特例があるので注意！）。

(5)　指定数量<u>以上</u>の場合に「危」の標識を掲げる必要があり，また，白色ではなく**黄色**の反射塗料です。

【問題 85】

法令上，危険物を運搬する場合，日光の直射を避けるため遮光性の被覆で覆わなければならないものは，次のうちどれか。

(1)　ジエチルエーテル　　(2)　アセトン　　(3)　ベンゼン

(4)　ガソリン　　　　　　(5)　エタノール

日光の直射を避けるため遮光性の被覆で覆わなければならないものは，第 1 類危険物，自然発火性物質，<u>特殊引火物</u>（第 4 類危険物），第 5 類危険物，第 6 類危険物等の危険物です。従って，(1)のジエチルエーテルは特殊引火物なので，これが正解です。

【問題 86】

第 4 類危険物を運搬する場合，混載が禁止されている危険物の組み合わせとして，次のうち正しいのはどれか。ただし，**各危険物は指定数量の 10 分の 1 を超える数量**とする。

| 解　答 |

(1)　第1類と第3類　　(2)　第1類と第6類　　(3)　第2類と第3類

(4)　第2類と第5類　　(5)　第3類と第6類

　類の異なる危険物を同一車両で運搬することを混載といいますが，第4類危険物と混載できる危険物は，第2類と第3類と第5類です。従って，第1類と第6類は，第4類危険物と混載が禁止されているので，(2)が正解となります。

 こうして覚えよう！　＜混載ができないものとできるもの＞

① 第4類危険物と混載が禁止されている危険物

　⇒　第1類と第6類

夜の交際禁止だ！　イチ　　ロー
　4類　　混載　　　　　　1類　　6類

② 混載できる危険物の組み合わせ

1類－6類	左の部分は1から4と順に増加
2類－5類，4類	右の部分は6，5，4，3と下が
3類－4類	り，2と4を逆に張り付け，そして
4類－3類，2類，5類	最後に5を右隅に付け足せばよい

（なお，混載禁止の組み合わせでも，一方の危険物が指定数量の1／10以下なら混載が可能です。）

【問題87】

　エタノール70ℓを運搬容器に収納して運搬する場合，運搬容器の外部に表示する事項として，次のうち誤っているのはどれか。

(1)　火気注意　　(2)　エタノール

(3)　水溶性　　　(4)　危険等級Ⅱ危険物の数量

(5)　70ℓ

解　答

【84】…(4)　　　　　　　　　　　　　　　【85】…(1)

容器に表示する事項は,

①　危険物の品名(第4類アルコール類など)

②　危険等級(危険物を危険性の程度によりⅠからⅢまでの等級に区分したもの)

③　化学名(エタノールなど)

④　第4類危険物のうち, 水溶性の危険物のみ「水溶性」の表示

⑤　危険物の数量(70ℓなど), そして,

⑥　収納する危険物に応じた注意事項……となっています。

　この⑥の注意事項ですが, 1類と6類以外は「火気厳禁」の表示をする必要があるので, 第4類危険物のエタノールも「火気厳禁」の表示をする必要があり, よって, (1)の火気注意が誤りです。

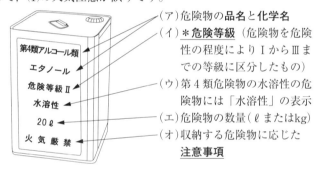

(ア)危険物の**品名**と**化学名**

(イ)＊**危険等級**（危険物を危険性の程度によりⅠからⅢまでの等級に区分したもの)

(ウ)第4類危険物の水溶性の危険物には「水溶性」の表示

(エ)危険物の数量(ℓまたはkg)

(オ)収納する危険物に応じた**注意事項**

【問題88】

　法令上, 危険物の運搬容器の外部に危険等級Ⅱと表示するものは, 次のうちどれか。ただし, 最大容積が2.2ℓ以下の運搬容器を除く。

(1)　硫黄　　　(2)　黄りん　　　(3)　過塩素酸

(4)　カリウム　　　(5)　特殊引火物

　P98より, 危険等級Ⅱに該当するのは, 第2類危険物の硫黄です。

移送

【問題89】

　移動タンク貯蔵所によりガソリンを移送する場合，乗車する危険物取扱者として，次のうち**不適当**なものはどれか。

　A　丙種危険物取扱者　　　　B　危険物施設保安員

　C　甲種危険物取扱者　　　　D　乙種第6類危険物取扱者

　E　危険物保安統括管理者

　(1)　A，C　　　　(2)　A，D，E　　　　(3)　B，C

　(4)　B，D　　　　(5)　B，D，E

　移動タンク貯蔵所により危険物を移送する場合は，<u>その危険物を取り扱える**危険物取扱者**</u>が乗車する必要があります。

　従って，Aの丙種危険物取扱者とCの甲種危険物取扱者はガソリンを取り扱えるので○。Bの危険物施設保安員とEの危険物保安統括管理者は危険物取扱者でなくてもなれるので×。Dの乙種第6類危険物取扱者はガソリンを取り扱うことができないので×となります。よって，不適当なものはB，D，Eとなります。

【問題90】

　丙種危険物取扱者が同乗し免状を携帯していれば移送することができる危険物として，次のうち正しいのはいくつあるか。

　　「軽油，アセトン，クレオソート油，重油，ギヤー油，ベンゼン」

　(1)　1つ　　　(2)　2つ　　　(3)　3つ　　　(4)　4つ　　　(5)　5つ

　丙種危険物取扱者が取り扱える危険物は，①ガソリン，②灯油と軽油。

　③第3石油類（重油，潤滑油と引火点が130℃以上のもの），④第4石油類，⑤動植物油類（P54参照）です。

　従って，軽油は②，重油は③，ギヤー油は④に属するので移送することができますが，アセトンとベンゼンは第1石油類なので×（第1石油類で丙種

が取り扱えるのはガソリンだけ)。また，クレオソート油は第3石油類ですが，引火点が130℃ 以上ではないので（74℃），これも×となります。

　　よって，移送することができるのは軽油，重油，ギヤー油の3つとなります。

【問題91】

　乙種第4類危険物取扱者が同乗し免状を携帯していれば移送することができる危険物として，次のうち誤っているのはいくつあるか。

「メチルアルコール，二硫化炭素，硝酸，引火点が130℃未満の第1石油類，過酸化水素，トルエン，動植物油類」

(1)　1つ　　　　(2)　2つ　　　　(3)　3つ　　　　(4)　4つ　　　　(5)　5つ

　　メチルアルコール，二硫化炭素（特殊引火物），引火点が130℃ 未満の第1石油類，トルエン（第1石油類），動植物油類は，すべて第4類危険物なので移送することができます。しかし,硝酸と過酸化水素は第6類の危険物なので,乙種第4類危険物取扱者が同乗していても移送することはできません。

　　従って,移送することができないのは硝酸と過酸化水素の2つとなります。

【問題92】

　移動タンク貯蔵所による危険物の移送及び取り扱いについて，次のうち正しいのはどれか。

　A　危険物を移送する危険物取扱者は免状を携帯していなければならない。

　B　定期的に危険物を移送する場合は，移送経路その他必要な事項を記載した書面を関係消防機関に送付しなければならない。

　C　移送中に休憩または故障などのため移動タンク貯蔵所を一時停止させる場合は，市町村長等の承認を受けた場所で行わなければならない。

　D　移動貯蔵タンクの底弁，マンホール，注入口のふた，および消火器などの点検は，移送の開始前に行わなければならない。

　E　危険物を移送中，火災防止のため必要な場合は，消防吏員が移動タンク貯蔵所に対して停止を命じることができるが，警察官にはその権限はな

い。
(1)　A，C　　　(2)　A，D　　　(3)　B，C
(4)　B，E　　　(5)　C，E

B　問題文のような届出は，アルキルアルミニウム（第3類危険物）等を移送する場合に必要で，すべての危険物に必要というわけではありません。
C　安全な場所であればよく，市町村長等や消防長，及び消防署長等の承認まで受ける必要はありません。
E　警察官にも権限があります。
　（A，Dが正しい）

警察官にも停止させる権限があります。

解　答

消火設備と警報設備，及び標識について

乙4すっきり重要事項　NO.10

消火設備 スゴク重要

(1) 消火設備の種類

消火設備には第1種から第5種まで，次のような種類があります。

表1−17

第1種	屋内消火栓設備 屋外　　〃
第2種	スプリンクラー設備
第3種	固定式消火設備（名称の最後が「消火設備」で終る）
第4種	大型消火器（名称の最後が「大型消火器」）
第5種	小型消火器（名称の最後が「小型消火器」），水バケツ，水槽，乾燥砂など

 こうして覚えよう！

（消火器は）栓を	する	設備	だ	しょうだ
消火栓	スプリンクラ	消火設備	大(型)	小(型)
第1種	第2種	第3種	第4種	第5種

(2) 所要単位

所要単位とは，製造所等に対してどのくらいの消火能力を有する消火設備が必要であるか，というのを定めるときに基準となる単位で，1所要単位は次のように定められています。

表1−18　1所要単位の数値

	外壁が耐火構造の場合	外壁が耐火構造でない場合
製造所・取扱所	延べ面積　100 m²	×1／2（50 m²）
貯蔵所	延べ面積　150 m²	×1／2（75 m²）
危険物	指定数量の10倍	

(3) 消火設備の設置基準

① 地下タンク貯蔵所の消火設備

第5種消火設備を2個以上設置する。

② 移動タンク貯蔵所の消火設備

自動車用消火器を2個以上設置する。

③ 電気設備の消火設備

（電気設備のある場所の）100 m² ごとに1個以上設置する。

④ 消火設備から防護対象物までの歩行距離

・**第4種消火設備：30 m** 以下

・**第5種消火設備：20 m** 以下（ただし，**簡易タンク貯蔵所，移動タンク貯蔵所，地下タンク貯蔵所，給油取扱所，販売取扱所**は，「有効に消火できる位置」に設ける）。

試験によく出る問題と解説

【問題93】

法令上，製造所等に設置する消火設備の区分について，次のうち，第5種の消火設備に該当しないものはどれか。

(1) 膨張ひる石

(2) 泡を放射する大型の消火器

(3) 水槽

(4) 膨張真珠岩

(5) 消火粉末を放射する小型の消火器

第5種の消火設備とは，**小型消火器**（名称の最後が「小型消火器」で終る），**水バケツ，水槽，乾燥砂**（膨張ひる石，膨張真珠岩含む）などをいいます。

従って，(2)の泡を放射する大型の消火器は，「大型消火器」なので，第4種消火設備になります。

解　答

解答は次ページの下欄にあります。

【問題94】

法令上，製造所等に設置する消火設備の区分について，次のうち誤っているものはどれか。

(1)　泡消火設備は，第3種の消火設備である。

(2)　ハロゲン化物消火設備は，第2種の消火設備である。

(3)　消火粉末を放射する大型の消火器は，第4種の消火設備である。

(4)　屋外消火栓設備は第1種消火設備である。

(5)　二酸化炭素消火設備は第3種消火設備である。

　ハロゲン化物消火設備は，「消火設備」で終わっているので，第3種の消火設備です。

　なお，(3)のように，「○○を放射する大型（または小型）消火器は…」などのような問題は，○○を放射するという部分は無視をして，**大型消火器なら第4種，小型消火器なら第5種の消火器である**，というように事務的に覚えておけば迷わずに済みます。

【問題95】

法令上，製造所等に設置する消火設備の区分として，次のうち第3種と第4種の消火設備を組み合わせたものはどれか。

A　屋内消火栓設備

B　スプリンクラー設備

C　不活性ガス消火設備

D　ハロゲン化物を放射する大型の消火設備

E　消火粉末を放射する小型の消火設備

(1)　AとB　　(2)　AとC　　(3)　BとE

(4)　CとD　　(5)　DとE

　第3種の消火設備は，「消火設備」で終わるので，Cの不活性ガス消火設備が該当し，第4種の消火設備は，「大型消火器」なので，Dが該当します。

解　答

【93】…(2)

なお，A は第 1 種消火設備，B は第 2 種消火設備，E は第 5 種消火設備です。

【問題 96】

法令上，第 4 類の危険物の火災に適応しない消火器は，次のうちどれか。

(1)　棒状の強化液を放射する消火器

(2)　泡を放射する大型消火器

(3)　二酸化炭素を放射する消火器

(4)　りん酸塩類等の消火粉末を放射する消火器

(5)　ハロゲン化物を放射する小型消火器

　　第 4 類の危険物の火災，とは要するに油火災のことで，P 183 の「こうして覚えよう」より，油火災に不適当な消火剤＝「老いるとイヤがる凶暴な水」となっています。ここで，凶暴は⇒　**強化液で棒状**，水は⇒　水（棒状，霧状とも）なので，(1)の「棒状の強化液を放射する消火器」は油火災（第 4 類の危険物の火災）には不適当，となります。

　　なお，(2)は第 4 種消火設備，(3)，(4)は消火器が小型か大型かが記載されてないので，第 4 種または第 5 種の消火設備，(5)は小型消火器なので第 5 種消火設備となります。

【問題 97】

消火設備に関する次の記述のうち，正しいものはどれか。

(1)　電気設備に対する消火設備は，電気設備のある場所の面積 150 m² ごとに 1 個設ける。

(2)　屋内消火栓設備は，製造所等の建築物の階ごとに，その階の各部分からホース接続口までの水平距離が 40 m 以下となるように設ける。

(3)　製造所に第 5 種消火設備を設置する場合は，防護対象物の各部分から歩行距離が 20 m 以下となるように設けなければならない。

(4)　移動タンク貯蔵所に，消火粉末を放射する消火器を設ける場合は，自動車用消火器で充てん量が 3.5 kg 以上のものを 1 個以上設けなければなら

ない。

(5) 第4種消火設備の設置に際しては，防護対象物の各部分から歩行距離が
20 m 以下となるように設ける必要がある。

(1) 電気設備の場合，面積 100 m² ごとに1個設ける必要があります。

(2) 屋内消火栓設備の場合は，40 m 以下ではなく，**25 m 以下**となるように
設けます。なお，40 m 以下というのは，**屋外消火栓設備**の方の**水平距離**
です（歩行距離ではない）。

(4) 自動車用消火器は **2個以上**設けます。

(5) 第4種消火設備は，歩行距離が**30 m 以下**となるように設ける必要があ
ります。

【問題 98】

　製造所等に消火設備を設置する場合，基準となる単位に所要単位があるが，
次の記述のうち **1 所要単位を計算する方法**として誤っているのはどれか。

(1) 外壁が耐火構造の製造所の場合は，延べ面積 100 m² を1所要単位とす
る。

(2) 外壁が耐火構造でない製造所の場合は，延べ面積 50 m² を1所要単位と
する。

(3) 外壁が耐火構造の貯蔵所の場合は，延べ面積 150 m² を1所要単位とす
る。

(4) 外壁が耐火構造でない貯蔵所の場合は，延べ面積 75 m² を1所要単位と
する。

(5) 危険物の場合は，指定数量の 100 倍を1所要単位とする。

　危険物の場合，指定数量の <u>10 倍</u>が1所要単位なので，(5)が誤りです。

　この所要単位に関しては，最近の出題傾向として，ひんぱんに出題されて
いるので，よく理解しておく必要があります。

解　答

【96】…(1)

【問題99】

警報設備の基準に関する次の文の（　）内に当てはまる政令に定められている数値はどれか。

「指定数量の倍数が（　）以上の製造所等で規則で定めるものは，総務省令で定めるところにより，火災が発生した場合，自動的に作動する火災報知設備，その他の警報設備を設置しなければならない。」

(1)　3　　　(2)　5　　　(3)　10　　　(4)　20　　　(5)　100

警報設備の基準については，次のようになっています。

(1)　**警報設備が必要な製造所等**

指定数量の **10倍以上の製造所等**（**移動タンク貯蔵所**には不要）

(2)　**警報設備の種類**

（下線部は【こうして覚えよう】に使う部分です）

① 　自動火災報知設備

② 　拡声装置

③ 　非常ベル装置

④ 　消防機関に報知できる電話

⑤ 　警鐘

こうして覚えよう！　＜警報設備の種類＞

警報の　字　書く　秘　書　K
　　　　　　自　拡　非　消　警

（注：③は「非常電話」「発煙筒」「赤色回転灯」「手動（自動）サイレン」と出題されれば×なので注意）

したがって，正解は(3)の 10倍 となります。

＜類題＞

次の文で誤っている箇所はどれか。

「指定数量が(A)20 倍の移動タンク貯蔵所には，(B)自動車用消火器を(C)2 個以上，及び(D)警報設備を設ける必要がある。」

　自動車用消火器は，指定数量に関係なく移動タンク貯蔵所に設ける必要があるので，指定数量が 20 倍の移動タンク貯蔵所にも当然，設ける必要があります。しかし，**移動タンク貯蔵所は警報設備を設置しなければならない製造所等からは除かれている**ので，(D)が誤りということになります。

【問題 100】

次のうち，**警報設備の種類として誤っているもの**はどれか。

(1)　自動火災報知設備　　(2)　拡声装置　　(3)　非常ベル装置

(4)　ガス漏れ警報設備　　(5)　警鐘

　警報設備の種類は，前問の「こうして覚えよう」より

　　警報の　字　書く　秘　書　K
　　　　　　自　拡　非　消　警

　⇒　(1)　自動火災報知設備　(2)，拡声装置　(3)，非常ベル装置　(4)，消防機関に報知できる電話　(5)，警鐘，となっています。

　従って，(4)のガス漏れ警報設備が誤りです。

【問題 101】

法令上，製造所等に設置する標識及び掲示板について，次のうち誤っているものはどれか。

(1)　アルカリ金属の過酸化物を除く第 1 類の危険物を貯蔵する屋内貯蔵所には，青地に白文字で「禁水」と記した掲示板を設置する。

(2)　引火性固体を除く第 2 類の危険物を貯蔵する屋内貯蔵所には，赤地に白文字で「火気注意」と記した掲示板を設置する。

(3)　給油取扱所には，黄赤地に黒文字で「給油中エンジン停止」と記した掲示板を設置する。

解　答

【99】…(3)

(4) 製造所には，白地に黒文字で製造所である旨を表示した標識を見やすい箇所に設置する。

(5) 移動タンク貯蔵所には，黒地の板に黄色の反射塗料で，「危」と記した標識を車両の前後の見やすい箇所に掲げる。

 解説

「禁水」と記した掲示板を設置する必要があるのは，「アルカリ金属の過酸化物を除く第1類の危険物」ではなく，「第1類危険物のうち，アルカリ金属の過酸化物のみ」が対象になります（「青地に白文字で「禁水」」というのは正しい）。

注意事項を表示する掲示板

```
        0.3m以上              白文字

0.6m以上  ┌──┐          ┌──┐          ┌──┐
         │火気│  ←赤地→  │火気│  ←青地→  │禁水│
         │厳禁│          │注意│          │  │
         └──┘          └──┘          └──┘
       （「火」だから赤い）  （「水」だから青い）

      第2・3・4・5類         第2類           第1・3類
     ┌2類は引火性固体のみ ┐  （引火性固体除く）  ┌1類はアルカリ金属の┐
     │3類は自然，黄リン， │                │ 過酸化物のみ    │
     └アルキル等のみ   ┘                │3類は禁水性物品とア│
                                   └ルキル等のみ    ┘
```

第 2 編
基礎的な物理学及び基礎的な化学

傾向と対策　ここが出題される！

　法令に同じく，最近の本試験の出題データをベースに，過去数年分のデータ
を加味して，その出題頻度をまとめると次のようになります（本書の目次の順
に並べてあります）。

◎：よく出題されている項目を表しています。
○：比較的よく出題されている項目を表しています。

項　　　　目	出　題　頻　度
2編1章　物理の基礎知識 **①. 物質の状態の変化**	
△物質の三態とは？ ×密度と比重 △沸騰と沸点	たまに出題される 「ごく」たまに出題される たまに出題される
②. 熱について	
△熱量の単位と計算 △熱の移動とは？ ○熱膨張について	たまに出題される たまに出題される 比較的よく出題されている
③. 静　電　気	
◎静電気	よく出題されている
2編2章　化学の基礎知識 **①. 物質の種類と物質の変化**	
○物質の種類 ◎物理変化と化学変化の違い △主な化学変化	比較的よく出題されている よく出題されている たまに出題される
②. 化学反応	
△化学反応	たまに出題される
③. 酸化と還元	
○酸化と還元	比較的よく出題されている

4. 酸と塩基	
×酸と塩基	「ごく」たまに出題される

5. 有機化合物	
×有機化合物とは	「ごく」たまに出題される
△有機化合物の特性	たまに出題される
×金属の性質	「ごく」たまに出題される

2編3章　燃焼及び消火の基礎知識
1. 燃焼

◎燃焼と燃焼の三要素	よく出題されている
○燃焼の種類	比較的よく出題されている
×一酸化炭素と二酸化酸素	「ごく」たまに出題される

2. 燃焼範囲と引火点，発火点	
◎燃焼範囲と引火点，発火点	よく出題されている

3. 燃焼の難易	
○燃焼の難易	比較的よく出題されている

4. 消火の基礎知識	
◎消火の基礎知識	よく出題されている

以上のデータを，多く出題されている項目から順に並べると，次のようになります。

(1)　**よく出題されているグループ**
　　・静電気
　　・物理変化と化学変化の違い
　　・燃焼と燃焼の三要素
　　・燃焼範囲と引火点，発火点
　　・消火の基礎知識

(2)　**比較的よく出題されているグループ**
　　・熱膨張について
　　・物質の種類
　　・酸化と還元

第2編

傾向と対策・ここが出題される！

　・燃焼の種類
　・燃焼の難易

(3)　たまに出題されるグループ

　・物質の三態とは？
　・沸騰と沸点
　・熱量の単位と計算
　・熱の移動
　・化学反応
　・有機化合物の特性

　以上からわかるように，法令に比べて毎回のように出題されている項目が少ないことがわかると思います。従って，物理・化学の分野は少々"ヤマがしぼりにくい"と言えるかもしれませんが，次のそれぞれのグループについての分析をよく理解すれば，さほど困難な分野ではない，ということがわかることと思います。

(1)　よく出題されているグループについて

　このグループでは，何といっても「燃焼」がキーワードです。

　危険物取扱者が，危険物を取り扱う上で最も注意しなければならないのが，引火（燃焼）による火災，爆発であることを考えれば当然といえば当然かもしれません。

　その「燃焼」ですが，物理・化学の第16問から第18問まで，「燃焼〜」というキーワードで問題が続くことも珍しくありません。仮に，第16問から第18問まで出題されたとすると，それだけで物理・化学の合格ライン（6問）のうちの半分を稼ぐ，ということも可能になるわけです。

　そして，その「燃焼」の問題の次あたりには，たいてい「消火」の問題があり，さらに何問かおいて「静電気」，というパターンが結構見られます。

　従って，場合によっては，このグループ（次の(2)のグループの燃焼も含む）だけで物理・化学の10問のうち，4〜5問というケースもあり，ここだけで合格ラインの6問のうちの大半を稼ぐ，ということも可能になってきます。

　よって，この「燃焼」「消火」「静電気」のグループは，最重点項目ということがいえます。

　なお，「燃焼範囲と引火点，発火点」については，引火点や発火点などを

個々に問う問題よりも，燃焼範囲も含めた複合問題の方が，出題頻度が高い傾向にあるようです。

(2)　比較的よく出題されているグループ

このグループでは，(1)にも出てきた「燃焼」をキーワードとする「燃焼の種類」「燃焼の難易」がありますので，これらにポイントを置くとともに，「熱膨張」も危険物を取り扱う上では重要な知識なので，これにも重点を置く必要があります。

また，「酸化と還元」については，最近の印象としては，市販の問題集がページを裂くほどには出題されていない感が“無きにしも非ず”，ではありますが，やはり，過去には頻繁に出題されているので，力を抜けない項目ではあります。

(3)　たまに出題されるグループ

このグループは，(1)や(2)に比べて，出題頻度は大きくダウンしますが，「熱の移動」は，場合によっては(2)のグループに入っていてもおかしくない，というケースも考えられますので，(1)や(2)のグループをマスターしたあとは，まずは，この「熱の移動」に注目すればよいかと思います。

以上が，おおよその出題傾向ですが，これらの重要ポイントをよく把握して，「どこを重点的に学習すればよいか」ということを意識しながら，次ページ以降の問題にチャレンジしていけば，より学習効率が“グン”とアップするでしょう。

燃焼，消火，静電気が最重要ポイントです！

第1章　物理の基礎知識

1 物質の状態の変化

1．物質の三態とは？

　一般に，物質は固体，液体，気体の三つの状態で存在します。これを物質の三態といい，温度や圧力を変えることによって，それぞれの状態に変化します。

(1) 融解と凝固 〈固体と液体間の変化〉
　・融解⇒　固体が（融解熱を吸収して）液体に変わる現象（例：氷⇒　水）
　・凝固⇒　液体が（凝固熱を放出して）固体に変わる現象（例：水⇒　氷）

(2) 気化と凝縮 〈液体と気体間の変化〉
　・気化⇒　液体が（気化熱を吸収して）気体に変わる現象（例：水⇒　水蒸気）。
　・凝縮⇒　気体が（凝縮熱を放出して）液体に変わる現象（例：水蒸気⇒　水）

(3) 昇華 〈固体と気体間の変化〉
　・固体が気体，または逆に気体が固体になる現象で，その際に吸収あるいは放出する熱を昇華熱といいます（例：ドライアイス⇒　炭酸ガス）

☆　その他の物質の状態変化について
　・潮解：固体が空気中の水分を吸って溶ける現象。
　・風解：結晶水を含む物質が水分を失って粉末状になる現象（⇒　潮解の逆の現象）。

2．沸騰と沸点

　液体を加熱していくと，やがて液体内部からも気化が生じ気泡が発生しますが，これを沸騰といい，その時の温度を沸点といいます。

① 沸騰は，「液体の（飽和）蒸気圧＝外圧（大気圧）」の時に発生します。

② 外圧が高いと沸点も高くなり，低いと沸点も低くなります。

　　外圧が高い⇒　沸騰を起こすには液体の飽和蒸気圧もその分高くする必要がある⇒　その分加熱が必要⇒　よって，沸点も高くなる，というわけです。

試験によく出る問題と解説

【問題1】

物質の状態の変化に関する説明として，次のうち誤っているものはどれか。

(1)　液体が気体に変化することを蒸発という。

(2)　液体が固体に変化することを凝縮という。

(3)　不揮発性の物質が溶け込むと液体の沸点は上昇する。

(4)　氷が溶けて水になることを融解という。

(5)　固体のナフタリンが，直接気体になることを昇華という。

　液体が固体に変化するのは凝固です。

なお，(3)ですが，砂糖や塩などの不揮発性物質が溶け込むと液体の沸点は上昇し，また，凝固点は降下します。これを**沸点上昇**および**凝固点降下**といいます。

【問題2】

物質の状態変化について，次のうち誤っているものはどれか。

(1)　気化とは気体が液体に変わる現象で，その際に必要な熱量を気化熱または蒸発熱という。

(2)　凝固とは液体が固体に変わる現象で，その際に液体が放出する熱量を凝固熱という。

(3)　融解とは固体が液体に変わる現象で，その際に必要な熱量を融解熱という。

(4)　凝縮とは気体が液体に変わる現象で，その際に気体が放出する熱量を凝縮熱という。

(5)　固体が直接気体になるのは昇華で，その際に必要な熱量を昇華熱という。

　気化とは液体が気体に変わる現象をいいます(気化熱,蒸発熱については,

　解　答

解答は次ページの下欄にあります。

正しい）。

【問題 3 】

物質の状態の変化について，次のうち正しいものはどれか。

(1) 二酸化炭素には気体と固体の状態があるが，いかなる条件でも液体にはならない。

(2) 硫黄は加熱すると融解して気化する。この現象を昇華という。

(3) 可燃性液体の沸点は常に 100℃ より高い。

(4) 気体または液体の温度を上げて一定の温度以下にするか，あるいは，温度を一定にして圧縮すると，気体または蒸気の一部が液化する。この現象を凝縮という。

(5) 0℃ で水と氷が共存するのは，水の凝固点と氷の融点が異なっているためである。

(1) たとえば，二酸化炭素消火器は二酸化炭素を液体にして充てんしていることからもわかるように，一定の条件下で液体にもなるので，誤りです。

(2) 昇華は，融解せずに，固体から気体（またはその逆）に直接変化する現象をいうので，誤りです。

(3) 可燃性液体でも，特殊引火物やアルコールなどのように，100℃ より低いものもあるので，誤りです。

(4) 正しい。

(5) 0℃ で水と氷が共存するのは，水の凝固点と氷の融点が<u>同じ</u>だからです。

【問題 4 】

水の状態変化を示した下図の (a) (b) (c) の範囲のうち，気体，液体，固体はそれぞれどの部分に該当するか，次のうちから正しいものを選べ。

解　答

【1】…(2)　　　　　　　　　　　【2】…(1)

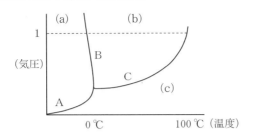

	(a)	(b)	(c)
(1)	気体	液体	固体
(2)	液体	固体	気体
(3)	固体	気体	液体
(4)	液体	気体	固体
(5)	固体	液体	気体

解説

　図の1気圧のラインに注目すると，(a) は0℃以下になるので，氷（固体），(b) は0℃から100℃までの状態を示しているので水（液体），(c) は100℃以上ということで蒸気（気体）ということになります。

　なお，図のAは**昇華曲線**，Bは**融解曲線**，Cは**蒸気圧曲線**といい，出題例があります。

【問題5】

次の比重についての説明文のうち，誤っているのはどれか。

(1) 水の比重は4℃の時が最大である。

(2) ある物質の重さを，それと同体積の水（1気圧で4℃）の重さと比べた場合の割合を比重といい，比重が1.26だとこの物質1ℓが1.26 kgになる。

(3) 蒸気比重とは，ある蒸気の重さと同体積の空気（1気圧で0℃）の重さを比べた場合の割合をいう。

(4) 第4類危険物の蒸気比重は，一般に1より小さい。

(5) 蒸気比重が1より大きい気体は，低所に滞留する。

解　答

【3】…(4)

第4類危険物の蒸気比重は，1より**大きく**（空気より**重く**）低所に滞留します（注：(2)の物質1kgは，$1 \times \dfrac{1}{1.26} = \dfrac{1}{1.26} \ell$になる）。

　なお，参考までに，密度と比重の定義について，次に紹介しておきます。

(1) 密度

　物質1cm³あたりの質量のこと。

$$密度〔g/cm^3〕 = \frac{物質の質量〔g〕}{物質の体積〔cm^3〕}$$

(2) 比重（固体，液体の場合）

　物質の質量を同体積の水の質量で割った値（単位はありません）。

$$比重 = \frac{物質の質量〔g〕}{物質と同体積の水の質量〔g〕}$$

(3) 比重（蒸気の場合）

　蒸気比重は，蒸気の質量を同体積の空気の質量で割った値（単位はない）。

$$蒸気比重 = \frac{蒸気の質量〔g〕}{蒸気と同体積の空気の質量〔g〕}$$

【問題6】 でるぞ〜

　融点が−111℃で沸点が77℃である物質を−50℃および70℃に保ったときの状態について，次の組み合わせのうち正しいものはどれか。

	−50℃のとき	70℃のとき
(1)	液体	液体
(2)	液体	気体
(3)	固体	固体
(4)	固体	液体
(5)	気体	気体

　融点が−111℃なので，−111℃ですでに液体になっており，当然，それより温度が高い−50℃でも，液体です。

解答

【4】…(5)　　　　　　　　　　　　【5】…(4)

また，沸点が77℃なので，77℃にならないと気化せず，70℃では，まだ液体のままである，ということになります。従って，−50℃のときも70℃のときも液体ということになります。

【問題7】

沸騰，及び沸点について，次のうち誤っているものはどれか。

(1)　一般に分子量の大きい液体ほど沸点が高い。

(2)　沸騰は，液体の蒸気圧と外圧が等しくなった時に起こる。

(3)　液体の蒸気圧は液温が上昇するとともに高くなる。

(4)　液体の温度が高くなると，その飽和蒸気圧も高くなる。

(5)　外圧を高くするとその液体の沸点は低くなる。

問題1で説明しましたように，沸騰は，「液体内の圧力＝液体外の圧力（外圧＝大気圧）」の時に発生します。沸点は，その時の温度のことをいいます。

従って，(5)は，外圧を高くすると液体内の圧力も高くしないと沸騰しないので，よって，「沸点は高くなる」が正解です。

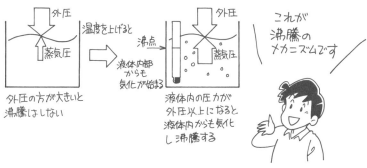

なお，その他，

・水の沸点は，1気圧において100℃である。

・一般に液体の蒸気圧が大きいほど低い温度で沸騰する。

・純粋な物質には，その物質固有の値を示す沸点がある。

も重要ポイントです。

解　答

【6】…(1)　　　　　　　　　　　【7】…(5)

2 熱について

1. 熱量の単位と計算

(1) **温度**

　　温度を表す単位には，セ氏の他に**絶対温度**があります。

　　絶対温度というのは，セ氏の－273℃を0度とした場合の温度で，単位は
　K（ケルビン）を用います。

(2) **熱量**

　　① 単位はジュール〔J〕またはキロジュール〔kJ〕を用います。

　　② 水1gの温度を1K（1℃）上げるのに必要な熱量は約4.19Jです。

(3) **比熱と熱容量**

　　① 比熱（c）とは，物質1gの温度を1K（1℃）上げるのに必要な熱量
　　をいい，単位は〔J/(g・K)〕または〔J/(g・℃)〕で表します。

　　② 熱容量（C）とは，その**物質全体**の温度を1K（1℃）上げるのに必要
　　な熱量のことをいい，単位は〔J/K〕または〔J/℃〕で表します。

　　　つまり，比熱は1gを，熱容量は**物質全体**を1K上げる熱量となりま
　　す。

　　・従って，熱容量は比熱にその物質の質量（m）を掛けた値となります。

　　　　$C = mc$ （熱容量＝物質の質量×比熱）

(4) **熱量の計算**

　　質量をm，比熱をc，温度差をΔt（Δはデルタと読む）とすると

　　　　熱量〔Q〕＝質量×比熱×温度差

　　　　　　　　＝$mc\Delta t$〔J〕　　　　となります。

2. 熱の移動とは？

　　熱の伝わり方には，伝導，放射（ふく射），対流の3種類があります。

(1) **伝導**…熱が**高温部**から**低温部**へと伝わっていく現象をいいます。

　・熱伝導率について

① 熱伝導率の値は物質によって異なります。

② 熱伝導率の数値が大きいほど熱が伝わりやすくなります。

③ 熱伝導率の大きさは，**固体＞液体＞気体**，の順になります。

(2) **放射（ふく射）**…高温の物体から発せられた熱線（放射熱という）が空間を直進して直接ほかの物質に熱を与える現象をいいます。

(3) **対流**…風呂を沸かす時のように，流体内に高温部ができると，その部分の密度が小さくなって上昇し，そのあとに周辺の冷たい部分が流れ込む…という循環を繰り返して全体が暖められるような熱の移動を対流といいます。

３．熱膨張について

　　熱膨張とは，温度が上昇するにつれて物体の長さや体積が増加することをいい，液体の場合，増加した体積は次式で求まります。

> 増加体積＝元の体積×体膨張率×温度差

 こうして覚えよう！　＜増加体積の式＞

たい　　ぼ　　お　（待望）の体積増加
体積　　膨張率　温度差

試験によく出る問題と解説

【問題8】

　次の熱についての説明のうち，誤っているのはどれか。

(1) 物質1gの温度を1K（ケルビン）上げるのに必要な熱量を比熱という。

(2) 比熱が c で質量が m の物体を t℃上げるのに必要な熱量 Q は，$Q = mc\Delta t$ で表される（Δt は温度差を表す）。

解　答

解答は問題のある次のページの下欄にあります。

(3)　熱容量は比熱にその物質の質量を掛けた値で，単位は〔J/K〕である。

(4)　熱容量が大きな物質は，温まりやすく冷めやすい。

(5)　比熱が c で質量が m の物体の熱容量 C は，$C=mc$ で表される。

　物質（全体）の温度を1K上げるのに必要な熱量を**熱容量**といいます。この**熱容量**が大きいということは，温度を1K上げるのに必要な熱量が大きい，ということなので，言い換えれば温度を上げにくい，ということになります。従って，熱容量が大きな物質は，「温まりに<u>くい</u>（または冷めにくい）」，ということになります（比熱も同じ）。

【問題9】

　ある液体50 g の温度を 10℃ から 40℃ まで上昇させるのに必要な熱量はいくらか。ただし，この液体の比熱を 3.0〔J/(g・K)〕とする。

(1)　900 J　　　　(2)　1.5 kJ　　　　(3)　3 kJ

(4)　4.5 kJ　　　　(5)　6 kJ

　熱量を求めるには次の計算式を使います。

　　　熱量 (Q) ＝ 質量 (m) × 比熱 (c) × 温度差 $(\varDelta t)$〔J〕

　　　$Q=m\times c\times\varDelta t$

　これに問題の数値を当てはめると，

　　　$m=50$，$c=3.0$，$\varDelta t=40-10=30$，だから

　　　$Q=50\times3.0\times30=4500$ J $=4.5$ kJ

となります。

＜類題＞

　10℃ の，ある液体50 g に 4.5 kJ の熱量を加えた場合，この液体の温度は何度になるか。ただし，この液体の比熱を 3.0〔J/(g・K)〕とする。

(1)　20℃　　　　(2)　30℃　　　　(3)　40℃　　　　(4)　50℃　　　　(5)　60℃

解　答

解答は次のページの下欄にあります。

まず，温度差Δtを次のようにして求めます。

$Q = m \times c \times \Delta t$　をΔtを求める式に変形する⇒　$\Delta t = Q/(m \times c)$。これを計算すると，$\Delta t = 4500/(50 \times 3.0) = 30\,\mathrm{K}$（温度差はKを用いる）。

元の10℃にこの30Kを足すと，上昇した後の温度は40℃，ということになります。

【問題10】

熱の移動の仕方には伝導，対流および放射の3つがあるが，次のA～Eのうち，主として対流が原因であるものはいくつあるか。

A　天気の良い日に屋外で日光浴をしたら身体が暖まった。

B　ストーブで灯油を燃焼していたら，床面よりも天井近くの温度が高くなった。

C　鉄棒を持って，その先端を火の中に入れたら手元のほうまで次第に熱くなった。

D　ガスこんろで水を沸かしたところ，水の表面から暖かくなった。

E　アイロンをかけたら，その衣類が熱くなった。

(1)　1つ　　　(2)　2つ　　　(3)　3つ　　　(4)　4つ　　　(5)　5つ

「乙4すっきり重要事項」より，伝導，放射，対流とは

1．**伝導**…熱が高温部から低温部へと伝わっていく現象。

2．**放射**…高温の物体から発せられた熱線が空間を直進して直接ほかの物質に熱を与える現象。

3．**対流**…流体内にできた高温部と低温部による熱の移動

これより，A～Eを考えると

A　日光浴ということは，太陽（高温の物体）から発せられた熱線が空間を直進して身体を暖めるので，2の**放射**となります。

BとD　Bの「天井近くの温度」，Dの「水の表面から暖かくなった。」は，流体（空気または水）内にできた高温部ということになるので，3の**対流**

ということになります。なお，Bで「ストーブに向いた方が熱くなる」という場合は**放射**（熱）になります。

C　鉄棒の熱が高温部（先端）から低温部（手元）へと移動して次第に熱くなったので，1の伝導となります。

E　熱が高温部（アイロン）から低温部（衣類）へと移動して熱くなったので，これも1の伝導となります。

従って，対流はB，Dの2つ，ということになります。

【問題11】

熱について，次のうち誤っているものはどれか。

(1)　固体と液体とでは液体の方が熱伝導率が大きい。

(2)　一般に熱伝導率の大きなものほど熱を伝えやすい。

(3)　一般に金属の熱伝導率は，他の固体に比べて大きい。

(4)　水は蒸発熱が大きいので冷却効果が大きい。

(5)　熱伝導率の値は物質によって異なる。

　熱伝導率の大きさは，固体＞液体＞気体，の順になるので，液体より固体の方が熱伝導率が大きくなります。よって，(1)が誤りです。(4)は，水は他の液体に比べて比熱が大きいので，蒸発熱（気化熱）も大きく，従って，冷却効果も大きくなります。

【問題12】

常温において，熱伝導率が最も大きいのは次のうちどれか。

(1)　空気　　(2)　水　　(3)　銅　　(4)　コンクリート　　(5)　木材

　前問より，熱伝導率の大きさは，固体＞液体＞気体，の順になるので，(3)(4)(5)の固体の中に答がある，ということになります。

　（注：逆に，熱伝導率が最も小さいのは気体である空気となります）。

　コンクリートは固体ではありますが，液体である水と同じ位に熱伝導率が

解　答

【10】…(2)

小さいので×。また，木材はそのコンクリートより更に小さいので×。従って，答は(3)の銅ということになります。

【問題 13】

次の熱膨張についての記述のうち，誤っているものはどれか。

A　水の密度は，約 4℃ において最大となる。

B　液体の膨張は，気体に比べてはるかに大きい。

C　気体の体積は，圧力が一定の場合，温度が 1℃ 上昇するごとに，0℃ の時の体積の 1/273 ずつ膨張する。

D　固体の体膨張率は，気体の体膨張率の 3 倍である。

E　危険物を収納する容器に空間容積が必要なのは，その危険物の体膨張によって容器が破損するのを防ぐためである。

(1)　A，D　　(2)　A，E　　(3)　B，C

(4)　B，D　　(5)　C，E

A　水の密度は，約 4℃ において 1 g/cm³ となり，最大となります。

B　膨張の大きさは，気体＞液体＞固体の順なので（注：熱伝導率の大きさの順と逆になっているので注意しよう！），気体の方が液体より大きい，ということになります。

C　これをシャルルの法則といいます。

D　正しくは，「固体の体膨張率は，**線**膨張率の 3 倍である。」となります。

E　危険物を収納する容器に空間容積が必要なのは，その危険物の体膨張によって容器が破損するのを防ぐためなので，正しい。

【問題 14】

内容積 1000 ℓ のタンクに満たされた液温 15℃ のガソリンを 35℃ まで温めた場合，タンク外に流出する量として正しいものは次のうちどれか。ただし，ガソリンの体膨張率を $1.35 \times 10^{-3}\,K^{-1}$ とし，タンクの膨張およびガソリンの蒸発は考えないものとする。

解　答

【11】…(1)　　【12】…(3)

(1)　1.35 ℓ　　　　(2)　6.75 ℓ　　　　(3)　13.50 ℓ

(4)　27.00 ℓ　　　　(5)　54.00 ℓ

 解説

　このガソリンは，タンクに満たされている，つまり，1000 ℓ 一杯入っているので，タンク外に流出する量は，温度上昇による膨張分だけになります。温度上昇による膨張分は次の式より求まります。

増加体積＝元の体積×体膨張率×温度差

　元の体積は1000 ℓ，体膨張率は$1.35×10^{-3}$，温度差は，35℃−15℃＝20 K なので，計算すると

　　増加体積＝元の体積×体膨張率×温度差……(1)

　　　　　　＝1000×1.35×10^{-3}×20

　　　　　　＝1.35×20（注：10^{-3} は $1／10^{3}=1／1000$ のことです）

　　　　　　＝27（ℓ）となります。

 こうして覚えよう！　＜増加体積の式＞

た　い　　ぼ　　　お　（待望）の体積増加
体積　　膨張率　温度差

ヤッター！

＜類題＞

　液温が 0 ℃ のガソリン1000 ℓ を徐々に温めていったら 1.020 ℓ となった。このときの液温に最も近い温度は次のうちどれか。ただし，ガソリンの体膨張率を$1.35×10^{-3}K^{-1}$ とする。

(1)　10℃　　(2)　15℃　　(3)　20℃　　(4)　25℃　　(5)　30℃

 解説

　上の解説にある式(1)を温度差を求める式に変形して計算すると，

　　温度差＝増加体積÷（元の体積×体膨張率）＝20÷（1000×1.35×10^{-3}）

　　　　　＝14.8……≒15 K　　温度上昇後の液温は 0＋15＝15℃

| 解　答 |

静電気・その他

乙4すっきり重要事項　NO.13

1．静電気が発生しやすい条件

① 物体の絶縁**抵抗が大きい**ほど（＝**不良導体**であるほど＝**電気抵抗が大き**いほど）発生しやすい。

② ガソリンなどの石油類が，配管やホース内を流れる時に発生しやすく，また，その流速が大きいほど，発生しやすい。

③ 湿度が低い（乾燥している）ほど発生しやすい。

④ ナイロンなどの合成繊維の衣類は木綿の衣類より発生しやすい。

⑤ 物質の接触回数が多い，接触面積が大きい，接触圧力が高い，および接触状態のものを急激に剥すほど発生しやすい。

2．静電気の発生（蓄積）を防ぐには？

1の逆をすればよい。すなわち

① 容器や配管などに導電性の高い材料を用いる。

② 流速を遅くする（給油時など，ゆっくり入れる）。

③ 湿度を高くする。

④ 合成繊維の衣服を避け，木綿の服などを着用する。

そのほか

⑤ 摩擦を少なくする。

⑥ 室内の空気を**イオン化**する（空気をイオン化して静電気を中和する）。

⑦ 接地（アース）をして，静電気を地面に逃がす。

など

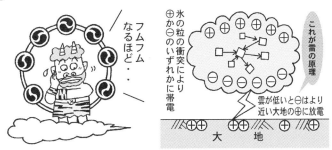

静電気の発生するしくみ

試験によく出る問題と解説

静電気

【問題 15】

静電気について，次のうち誤っているものはどれか。

(1) 物体が静電気を帯びることを帯電という。

(2) 物体に帯電体を近づけると，導体と帯電体は反発する。

(3) 帯電した物体に分布している流れのない電気のことを静電気という。

(4) 電荷には，正電荷と負電荷があり，異種の電荷の間には引力が働く。

(5) 物体間で電荷のやりとりがあっても，電気量の緩和は変わらない。

　物体に帯電体を近づけると，物体の帯電体に近い側の表面には帯電体と**異種**の電荷が現れるので（物体の帯電体に遠い側の表面には帯電体と同種の電荷が現れる），反発ではなく吸引力が働きます。

【問題 16】

静電気の帯電について，次のうち誤っているものはどれか。

A　引火性液体に帯電すると電気分解が起こる。

B　電気の不導体に帯電しやすい。

C　一般に合成繊維製品は，綿製品より帯電しやすい。

D　人体の近くに帯電した物体があると，帯電した物体から人体に向けて放電した場合のみ，人体に帯電する。

E　2種の電気の不導体を互いに摩擦すると，一方が正，他方が負に帯電する。

(1) A, C　　　(2) A, D　　　(3) B, D

(4) B, E　　　(5) C, E

　A　引火性液体が帯電したからと言って電気分解は起こりません（電気分

　解　答
解答は次ページの下欄にあります。

解：溶液中に電極を入れて直流電流を流し，溶液中に溶けている物質をプラスとマイナスの極に移動させて分解すること）

D　人体が帯電する場合，帯電した物体から人体に向けて放電した場合以外にも，衣服を着るときやその他の原因によっても帯電することがあります。

【問題 17】

液体危険物が静電気を帯電しやすい条件について，次のうち誤っているものはどれか。

(1)　加圧された液体がノズル，亀裂等，断面積の小さな開口部から噴出するとき。

(2)　液体が液滴となって空気中に放出されるとき。

(3)　導電率の低い液体が配管を流れるとき。

(4)　液体相互または液体と粉体等とを混合・かくはんするとき。

(5)　直射日光に長時間さらされたとき。

(1)　小さな開口部から噴出するときの粒子どうしの摩擦等により静電気が帯電しやすくなります。

(2)　液滴とは液体のつぶのことで，空気中に放出されるときに帯電しやすくなります。

(3)　**導電性が低いほど**(電気が流れにくいほど)**静電気を蓄積しやすいので**，静電気が帯電しやすくなります。

(4)　混合・かくはんするときの摩擦などにより静電気が発生しやすくなります。

(5)　直射日光に長時間さらされたからといって，静電気が発生しやすくはなりません。

【問題 18】

静電気を防止する対策として，次のうち誤っているのはどれか。

解　答

【15】…(2)　　　　　　　　　　【16】…(2)

(1) 配管によって危険物を移送する場合は，流速を遅くする。

(2) 湿度が低いと静電気が蓄積しやすいので，取り扱い場所に少し水を撒いて湿度を高くしておいた。

(3) 灯油を別の容器に詰め替える際に生じた静電気を，金属製の棒を接触させることにより放電しておいた。

(4) 取り扱い場所の設備等に接地（アース）をして，静電気が発生しても地面に逃げるようにしておいた。

(5) 室内の空気をイオン化する。

(1) 流速を遅くすることのほか，配管の径を大きくすることも防止策の一つです。

(2) 湿度（水分）が高いと，静電気がその水の分子に移動して（逃げる）蓄積されにくいので，正しい。

(3) 棒を接触させる際に火花放電が生じる可能性があるので誤りです。

(5) 空気をイオン化すると静電気が中和されるので正しい。

その他

【問題19】

　0℃の気体を体積一定で加熱していったとき，圧力が2倍になる温度は，次のうちどれか。ただし，気体の体積は温度が1℃上がるごとに，0℃のときの体積の273分の1ずつ膨張するものとする。

(1) 2℃　　　(2) 137℃　　　(3) 273℃　　　(4) 546℃　　　(5) 683℃

　問題文の後半，「ただし…」の文は，気体の性質についての法則である「シャルルの法則」について説明したものですが（この法則は，圧力を一定にしたときの**温度（絶対温度）**と**体積**の関係を表したもので，絶対温度とは摂氏の温度に273℃を足したものを言い，その絶対温度をT，体積をVとすると，$V/T=$一定，という式で表せます），この部分を冷静に読んでいくと，案外簡単に答えが導きだせます。

解　答

【17】…(5)

　まず，温度が１℃上がるごとに，体積が273分の１ずつ膨張する，ということは，温度が２℃上がれば体積の273分の２が膨張，３℃上がれば273分の３膨張………となります。

　その温度が273℃上がれば，体積が273分の273膨張，つまり，体積が倍になる，ということになります。

　まとめると

　　（温度）　　　　　　　（体積）

　　１℃上がる　⇒　273分の１膨張

　　２℃上がる　⇒　273分の２膨張

　　３℃上がる　⇒　273分の３膨張

　　………

　　273℃上がる　⇒　273分の273膨張

　　　　　　　　　　（同体積膨張，つまり，**体積が倍**）

　この体積を一定，すなわち，元の状態のままにすると，当然，中の圧力は２倍になります。問題文は，このときの温度（圧力が２倍になる時の温度）を問うているので，従って，圧力が２倍になるのは温度が273℃上がったとき，つまり０℃＋273℃＝273℃になる，ということになります。

＜参考＞

　この手の圧力の問題が出た場合，ボイル・シャルルの法則の式を使えば，解ける場合がほとんどです。

　ボイル・シャルルの式というのは，$PV/T=$一定，という式で表される式です（P：圧力，V：体積，T：絶対温度）。

　この問題の場合，体積Vは一定なので，ボイル・シャルルの式のVも一定となり，$P/T=$一定，という式に変更できます。

　つまり，分子の圧力（P）が２倍になれば分母の絶対温度（T）も２倍になる，ということです。従って，０℃を絶対温度に直し，それを２倍にして再びセ氏温度にすれば答になる，ということになります。計算すると，０℃は絶対温度では273Kになるので（$0+273=273$），その２倍は546K（$273×2$）になります。これを再び摂氏温度に直すには，273を引けばよいので，$546-273=273℃$，となる，というわけです。（注：絶対温度は℃ではなくKで表します）。

| 解　答 |

＜類題＞

　１気圧で４ℓの理想気体を，ある容器に入れたら２気圧になった。この容器
の容積はいくらか。ただし，気体の温度には変化がないものとする。

　(1)　１ℓ　　　　(2)　２ℓ　　　　(3)　４ℓ　　　　(4)　６ℓ　　　　(5)　８ℓ

　温度が一定なので，ボイル・シャルルの式のTも一定となり，$PV=$一定，
となります。

　圧力Pが２倍になったので，体積Vは逆に$1/2$にならないと，$PV=$一定，
とはならないので，よって，４ℓの$1/2$，すなわち，２ℓになります。

ひと休み〜！

　解　答

第2章 化学の基礎知識

1 物質について

1. 物質の種類

```
　　　　　　　　┌─単体(酸素，ヘリウム，水素，硫黄，鉄，銅，ナトリウムなど)
　　　　　┌純物質┤
　　　　　│　　　└化合物(水，食塩，硫酸，エタノール，二酸化炭素，鉄のサビ
物質　┤　　　　　　　　　　　　　など)
　　　　　└混合物(空気，石油類〈ガソリン，灯油，軽油，重油など〉，希硫酸，
　　　　　　　　　　　牛乳など)
```

(1)　純物質

　① 単体　1種類の元素のみで構成されている物質をいいます。

　　☆ 同素体：同じ元素からなる単体でも性質が異なる物質どうしを同素体
　　　　　　　　　といいます（例：黄りんと赤りん，酸素とオゾンなど）。

　② 化合物　2種類以上の元素が化学的に結合してできた物質をいいます。

　　☆ 異性体：元素や分子式が同じ化合物であっても分子の構造が異なるた
　　　　　　　　　めにその性質の異なる物質どうしを異性体といいます。

(2)　混合物

　　2種類以上の物質が化学結合せずに単に混ざり合った物質をいいます。

2. 物質の変化

(1)　物理変化と化学変化の違い

　① 物理変化

　　物質の性質は変化せず，単に状態や形だけが変化することをいいます。

　② 化学変化

　　性質そのものが変化して別の物質になる変化をいいます。

(2)　主な化学変化

　① 化合⇒ 2種類以上の物質が化学的に結合して全く別の物質ができる変化。

　② 分解⇒ 1つの物質（化合物）を2種類以上の物質に分けること。

　⇒ 化合と分解は逆の現象になる。

試験によく出る問題と解説

物質の種類

【問題 20】

単体，化合物及び混合物について，次のうち正しいものはどれか。

A　黄りんと赤りんは単体であり，また，同素体でもある。

B　溶液の混合物は，その成分が必ず液体であるが，気体の混合物は必ずしもその成分がすべて気体とは限らない。

C　酸素とオゾンは単体であり，また，異性体でもある。

D　硫酸は化合物であるが，希硫酸は混合物である。

E　混合物は，蒸留やろ過などの操作により2種類以上の物質に分離することができる。

(1)　A，C　　　　(2)　A，D，E　　　(3)　B，C，D

(4)　B，D　　　　(5)　C，E

A　**黄りんと赤りん**は単体であり，同素体です（正しい）。なお，**酸素とオゾン**，**黒鉛とダイヤモンド**も同素体です。

B　溶液の混合物は，その成分が必ず液体とは限りません。たとえば，食塩水は溶液の混合物ですが，その成分は**液体**の水と**固体**の食塩からなります。

　　一方，気体の混合物は，たとえば，空気のように，気体の窒素や酸素からなっているので，その成分はすべて気体であり，誤りです。

C　Aで説明したとおり，酸素とオゾンは単体であり，また，**同素体でも**あるので，誤りです（同素体は性質が異なるので，注意！）。

D　正しい（希硫酸は水と硫酸の混合物です）。

E　正しい。

【問題 21】

次の物質の組合せのうち，物質を単体，化合物，混合物の3種類に分類した

解　答

解答は次ページの下欄にあります。

場合，混合物と混合物の組合せはどれか。

(1)　灯油と酸素

(2)　硝酸と硫黄

(3)　食塩水とアルミニウム

(4)　ガソリンと空気

(5)　塩化ナトリウムと鉄のさび

(1)　灯油は石油類なので**混合物**ですが，酸素は**単体**です。

(2)　硝酸は**化合物**，硫黄は**単体**です。

(3)　食塩水は液体の水と固体の食塩からなる**混合物**ですが，アルミニウムは**単体**です。

(4)　ガソリンは石油類なので**混合物**，空気も酸素や窒素からなる**混合物**です。

(5)　塩化ナトリウムは**化合物**，鉄のさびも**化合物**（酸化鉄）です。

【問題22】

次のうち，化合物のみの組合せはどれか。

(1)　ナトリウムとヘリウム

(2)　石油とアンモニア

(3)　塩化ナトリウムと硝酸

(4)　水素と二酸化炭素

(5)　水銀と塩化ナトリウム

(1)　ナトリウムとヘリウムは，ともに**単体**です。

(2)　アンモニアはアセトン，アルコールなどと同様，**化合物**ですが，ガソリンや灯油などの石油類は種々の炭化水素の**混合物**です。

(3)　塩化ナトリウムとは，要するに食塩のことで，**化合物**であり，また，硝酸はアンモニアと酸素の**化合物**なので，従って，これが正解です。

(4)　二酸化炭素は**化合物**ですが，水素は**単体**です。

(5)　塩化ナトリウムは**化合物**ですが，水銀は**単体**です。

解　答

【20】…(2)

物質の変化

【問題 23】

次の現象のうち，**物理変化**はどれか。

(1) 紙が燃えて灰になった。

(2) 空気中に放置された鉄がさびた。

(3) プロパンが空気中で燃焼した。

(4) 水に砂糖を入れたら溶けた。

(5) 酸素と水素とが反応して水になった。

(1)と(3)の燃焼は，物質が酸素と**化合**することなので，化学変化となります（化合は化学変化です！）。また，(2)も鉄が酸素と**化合**した結果さびたので，化学変化となります。

(4)の「水に砂糖を入れたら溶けた」というのは，水の性質そのものは変わっていないので，従って，これが物理変化となります。

(5)は，酸素と水素が**化合**して水になったので，化学変化となります。

なお，このほかの物理変化，化学変化をいくつか挙げておきます。

○物理変化…・ガソリンが流動して静電気が発生した。

　　　　　　・氷が溶けて水になった。

○化学変化…・アルコールが燃焼して**二酸化炭素**と**水**(水蒸気)になった。

　　　　　　・水を電気分解すると水素と酸素になった。

　　　　　　・酸化第二銅を水素気流中で熱すると，金属銅が得られた。

【問題 24】 でるぞ〜

次の A〜E のうち，**化学変化**であるものはいくつあるか。

A ドライアイスを放置しておくと昇華する。

B ニクロム線に電気を通じると発熱する。

C 紙が濃硫酸に触れて黒くなった。

D 氷が溶けて水になった。

E ナフタレンが昇華した。

| 解　答 |

第2編

物質について

(1) 1つ　　　(2) 2つ　　　(3) 3つ　　　(4) 4つ　　　(5) 5つ

 解説

A　物質の状態が，単にドライアイスという固体から二酸化炭素という気体に変わっただけだから**物理変化**です。

B　ニクロム線に電気を通じて発熱しただけであり，別の物質に変更したわけではないので，**物理変化**です。

C　黒くなったというのは，濃硫酸の脱水作用により紙が炭素になったからであり，紙が炭素という別の物質になったので，**化学変化**になります。

D　固体の氷が溶けて液体の水になっただけなので，**物理変化**です。

E　Aと同じく，ナフタレンという固体が昇華して気体に変わっただけだから**物理変化**です。

　　従って，化学変化は，Cのみになります。

> **物理変化**…静電気の発生・溶解・凝縮・融解・混合・昇華など
> **化学変化**…化合・燃焼・酸化・分解・還元・電気分解・中和など

＜補足……原子について＞

　物質の特性を持った状態での最小の粒子を分子といい，その分子を構成する最小の粒子を原子といいます。その構造は中心に原子核があり，その周囲に電子があります。一方，原子核は**陽子**と**中性子**からなり，陽子の数を**原子番号**，陽子と中性子の和を**質量数**といいます。

　また，原子には色んな種類があり，その1つ1つの種類に付けた名前を元素といい，記号（元素記号または原子記号という）を用いて表します。

　ちなみに，炭素Cを例にして，質量数と原子番号も含めて元素記号を表すと，次のようになります。

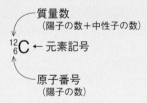

質量数
（陽子の数＋中性子の数）

$^{12}_{6}C$ ← 元素記号

原子番号
（陽子の数）

解　答

化学反応

乙4すっきり重要事項　NO.15

1. 化学式と化学反応式

(1) 化学式

元素記号を組み合わせて物質の構造を表したもの

(2) 化学反応式

化学式を用いて化学反応を表した式をいいます。

例)　　　　$2H_2$　　　＋　　　O_2　　　→　　　$2H_2O$　　　（注：H＝1g, O＝16g）

質量　$2×(1×2)g$　　　$16×2g$　　　$2×(1×2+16)g$

　　　＝4g　　　　　　＝32g　　　　　＝36g

物質量　2mol　　　　　1mol　　　　　2mol

2. 熱化学方程式

化学反応式に反応熱を記し，両辺を等号で結んだ式のこと。

(1) 発熱反応の場合（熱を発する化学反応の場合）

反応熱に＋をつけます。

例)　　　　　C　　　＋　　　O_2　　　＝　　　CO_2　　　＋394.3kJ

質量　　　12g　　　　　32g　　　　　44g

物質量　（炭素1mol）　（酸素1mol）　（二酸化炭素1mol）

⇒　炭素1mol（12g）が酸素1mol（32g）と化合して完全燃焼すると，1mol の二酸化炭素（44g）が生成し，394.3kJ の熱を発生する。

(2) 吸熱反応の場合（熱を吸収する化学反応の場合）

吸収する熱量に－をつけます。

例)　　　　　N_2　　　＋　　　O_2　　　＝　　　$2NO$　　　－181kJ

質量　　　28g　　　　　32g　　　　　60g

物質量　（窒素1mol）　（酸素1mol）　（一酸化窒素2mol）

⇒　窒素1mol（28g）が酸素1mol（32g）と化合して完全燃焼すると，2mol の一酸化窒素（60g）が生成し，181kJ の熱を吸収します。

（注：熱を吸収するので「燃焼」とはならない）

3．反応速度

(1)　化学反応の速度

　　化学反応には，プロパンなどが爆発するときのように，瞬間的に反応する速い反応や，また，鉄が錆びていくときのように，非常に遅い反応があります。

　　このように，化学反応の速度はそれぞれの反応によって異なります。

(2)　反応速度を支配する条件

　　また，たとえ同じ化学反応であっても，**温度，濃度，触媒**などによって反応速度が異なってきます。

　　温度，濃度については，それぞれが高いほど反応速度も高くなります。というのは，温度については，高いほど粒子の運動が激しくなり互いに衝突して反応する機会が増えるからであり，**濃度**についても，高いほど衝突回数が増えるからです。

4．活性化エネルギー

　　たとえば，灯油を燃焼させるためにはマッチやライターなどで点火させる必要がありますが，このように，化学反応を起こさせるためには，ある一定以上のエネルギーが必要となります。このエネルギーを**活性化エネルギー**といいます。

　　従って，反応物は活性化エネルギー以上のエネルギーを得ると，エネルギーの高い状態（活性化状態という）となって生成物へと変化していきます。

試験によく出る問題と解説

【問題25】

　　プロパン（C_3H_8）22 gを，0℃，1気圧において完全燃焼させた際に消費される酸素量は，次のうちどれか。

　　ただし，反応式は次のとおりであり，原子量は，H＝1，C＝12，O＝16とする。

　　　　$C_3H_8 + 5O_2 - 3CO_2 + 4H_2O$

(1)　60 g　　(2)　80 g　　(3)　100 g　　(4)　120 g　　(5)　140 g

問題の式より，「**プロパン C_3H_8 1 mol を燃焼させるには 5 mol の酸素 O_2 が必要**」……(1)，ということになります。

　プロパン（C_3H_8）1 mol の質量（＝C_3H_8 の分子量に g を付けたもの）は，C＝12，H＝1 だから，C_3H_8＝12×3＋1×8＝44 g

　問題のプロパンは 22 g なので，44 g の半分，つまり 1/2 mol ということになります。

　(1)より，プロパン 1 mol を燃焼させるには，5 mol の酸素が必要なので，プロパン 1/2 mol なら <u>2.5 mol の酸素が必要</u>，ということになります。

　酸素（O_2）1 mol は，32 g だから（O＝16 より，O_2＝16×2＝32 g），2.5 mol は，32×2.5＝80 g，になる，というわけです。

第2編

化学反応

＜類題1＞

　プロパンの完全燃焼を表した次の化学反応式において，(A)〜(C) の係数の和として，正しいものはどれか。

　　C_3H_8＋(A)O_2 → (B)CO_2＋(C)H_2O

　(1)　5　　(2)　7　　(3)　9　　(4)　12　　(5)　13

【問題25】の反応式より，(A)＋(B)＋(C)＝5＋3＋4＝12　となります。

＜類題2＞

　プロパン（C_3H_8）88 g に含まれる炭素原子の物質量〔mol〕として，次のうち正しいものはどれか。ただし，C の原子量を 12，H の原子量を 1 とする。

　(1)　3 mol　　(2)　6 mol　　(3)　8 mol　　(4)　12 mol　　(5)　14 mol

　プロパンの分子量は，12×3＋1×8＝44 だから，1 mol は 44 g となります。従って，88 g は 2 mol になります。

　プロパンの化学式，C_3H_8 の C_3 より，プロパン 1 mol 中には 3 mol の炭素

原子Cが含まれているので，プロパン2mol中には，その倍の6molの炭素原子が含まれていることになります。

【問題26】

メタノール1molを完全燃焼させた際，消費される酸素量として，正しいものは次のうちどれか。ただし，反応式は次の式で表されるものとし，$O=16$とする。

$$2\,CH_3OH+3\,O_2 \rightarrow 4\,H_2O+2\,CO_2$$

(1)　16 g　　(2)　32 g　　(3)　44 g　　(4)　48 g　　(5)　72 g

　問題の化学反応式の左辺より，メタノール（CH_3OH）2molを完全燃焼させるには，3molの酸素（O_2）が必要というのがわかります。

　従って，1molのメタノールを完全燃焼させるには，3molの1/2，すなわち，3/2molの酸素が必要となります。

　酸素1mol O_2は，$O_2=16 \times 2=32$ gなので，3/2molは，$32 \times (3/2)=48$ g，つまり，48 gの酸素が消費される，ということになります。（エタノールの方の反応式は，$C_2H_5OH+3\,O_2 \rightarrow 2\,CO_2+3\,H_2O$，となります。）

＜類題1＞

一酸化炭素5.6 gが完全燃焼するときの酸素量は，標準状態（0℃，1気圧（1.013×10^5Pa）で何ℓか。ただし，反応式は次の通りとし，また，標準状態で1molの気体の体積は22.4 ℓとし，原子量はC＝12，O＝16とする。

$$2\,CO+O_2 \rightarrow 2\,CO_2$$

(1)　0.224 ℓ　　(2)　0.448 ℓ　　(3)　2.24 ℓ　　(4)　4.48 ℓ　　(5)　9.96 ℓ

　反応式より，「一酸化炭素2molを完全燃焼させるには，1molの酸素が必要」ということがわかります。つまり，一酸化炭素の半分の物質量の酸素でよいということになります。

　一酸化炭素1molは28 gなので，5.6 gは$5.6 \div 28=0.2$ molになります。

解　答

酸素はその半分必要なので，0.1 mol 必要になります。1 mol は 22.4 ℓ なので，22.4×0.1＝2.24 ℓ になります。

＜類題２＞

次の示性式で表される物質 1 mol を完全燃焼させた場合，必要な酸素量が最も多いものはどれか。

(1)　C₃H₇OH　　　(2)　CH₃COCH₃　　　(3)　C₂H₅OC₂H₅

(4)　CH₃COC₂H₅　　　(5)　CH₃COOC₂H₅

　このような場合，1 つ 1 つ燃焼式を作成していたら時間を消費するので，次のポイントから検討します。まず，炭素（C）は，CO₂ からもわかるように，**1 個で酸素（O）2 個と結合**します。また，水素（H）は，H₂O から **2 個で酸素（O）1 個と結合**します。従って，まず，C の数が多いほど，次に H の数が多いほど消費する酸素量が多くなります。よって，C の数は(3)，(4)，(5)が 4 個ずつで同じ。次に H の数でチェックすると，(3)が 10 個，(4)と(5)が 8 個となるので，より多い(3)が正解になります。

【問題27】

次の熱化学方程式は，炭素が燃焼する過程を表したものである。これについて，次のうち誤っているものはどれか。

$$C + \frac{1}{2}O_2 = CO + 110.6 \text{ kJ} \cdots\cdots \text{ (a)}$$

$$C + O_2 = CO_2 + 394.3 \text{ kJ} \cdots\cdots \text{ (b)}$$

ただし，炭素の原子量は 12，酸素の原子量は 16 とする。

(1)　(a) 式は炭素が不完全燃焼して一酸化炭素を生じたときの式である。

(2)　炭素 1 mol と酸素 1 mol が反応すると二酸化炭素 1 mol が生成する。

(3)　炭素 12 g を完全燃焼させるには酸素 16 g が必要である。

(4)　(b) 式は，炭素 1 mol の酸化反応によって，394.3 kJ の発熱反応があることを表している。

(5)　(b) 式の CO₂ は二酸化炭素を表し，炭素原子 1 つと酸素原子 2 つからなっている。

───　解　答　───

【26】…(4)　　　　　　　　　＜類題 1 ＞…(3)

（a）式は，炭素1molが**不完全燃焼**して110.6kJの熱を発熱し，一酸化炭素を生じたときの式で，（b）式は，炭素1molが**完全燃焼**して394.3kJの熱を発熱し，二酸化炭素を生じたときの式です。従って，(1)(4)は正しい。

(2)は，（b）式についての説明で正しい。

(3)は完全燃焼なので，（b）式の左辺を見ると，炭素Cを完全燃焼させるには1molの酸素O_2が必要となっています。従って，O=16なので，O_2=32gとなるので，酸素16gとした(3)は誤りです。

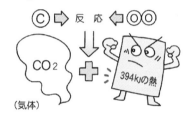

[補足問題]

　ある物質の反応速度が10℃上昇するごとに2倍になるとすれば，10℃から60℃になった場合の反応速度の倍数として，次のうち正しいものはどれか。

(1) 10倍　　(2) 25倍　　(3) 32倍　　(4) 50倍　　(5) 100倍

　「10℃上昇するごとに2倍になる」のであるから，10℃⇒20℃で2倍，20℃⇒30℃で，さらに2倍になるので，2×2＝4倍。以降も同様に計算すると，30℃⇒40℃で4×2＝**8倍**，40℃⇒50℃で8×2＝**16倍**，50℃⇒60℃で16×2＝**32倍**ということになります。

　もっと簡単に計算するには，10℃⇒20℃⇒30℃⇒40℃⇒50℃⇒60℃と，×2（⇒部分）が5回あるので，$2×2×2×2×2＝2^5＝32$という具合に計算することができます。

　なお，反応速度のポイントは，次のとおりです。

○　**温度，圧力，濃度**は高いほど，反応速度が**大きく**なるが，**活性化エネルギー**は大きいほど，反応速度は**小さく**なる。

解　答

<類題2>…(3)　　　　　【27】…(3)　　　　　[補足問題]…(3)

酸化，還元と金属のイオン化傾向

乙4すっきり重要事項　NO.16

1．酸化と還元

(1)　酸化

物質が酸素と化合するか，または水素や電子を失う反応のことをいいます。

例）・炭素（C）が燃えて二酸化炭素（CO_2）になる

　　　$C + O_2 \rightarrow CO_2$（炭素が酸素と結びついたので，「酸化」となる）

(2)　還元

1とは反対に酸化物が酸素を失う，または水素と化合し電子を得る反応をいいます。

例）・酸化第二銅（CuO）が水素で還元されて銅（Cu）になる。

　　　$CuO + H_2 \rightarrow Cu + H_2O$（CuO が酸素 O を失ったので「還元」となる）

○　一般に，酸化と還元は同時に起こります。

2．酸化剤と還元剤

他の物質を酸化する物質を**酸化剤**，還元する物質を**還元剤**といいます。

1の例でいうと，1の O_2 が酸化剤であり，2の H_2 が還元剤となります。

3．金属のイオン化傾向

水溶液中において，金属が陽イオンになろうとする性質を**イオン化傾向**といい，その性質の大きい順に金属を並べると，次のようになります（イオン化列という）。

> （大）← カ ソ ウ カ　ナ　マ　ア　ア　テ　ニ　ス　ナ
> 　　　　K ＞ Ca ＞ Na ＞ Mg ＞ Al ＞ Zn ＞ Fe ＞ Ni ＞ Sn ＞ Pb ＞
> 　　　　ヒ　　ド　ス　ギル　ハク（シャッ）キン　→（小）
> 　　　　(H₂) ＞ Cu ＞ Hg ＞ Ag ＞ Pt ＞　　　　　Au ＞

（注：H_2 は金属ではないが，陽イオンになろうとする性質があるのでイオン化列に含まれている。また，上のカナはゴロ合わせで「貸そうかな，まあ当てにすな，ひどすぎる借金」となる。なお，K(カリウム)，Ca(カルシウム)，Na(ナトリウム)，Mg(マグネシウム)，Al(アルミニウム)，Zn(亜鉛)，Fe(鉄)，Ni(ニッケル)，Sn(スズ)，Pb(鉛)，Cu(銅)，

Hg(水銀) Ag(銀)，Pt(白金)，Au(金))。

　このイオン化傾向が大きいほど(左ほど)腐食しやすく，たとえば，鉄(Fe)の腐食を防ぐためには，鉄よりイオン化傾向の大きい金属を接続し，その金属を先に腐食させることによって，鉄の腐食を遅らせることができる。

試験によく出る問題と解説

【問題28】

　酸化と還元の説明について，次のうち誤っているものはどれか。

(1)　酸化物が酸素を失うことを還元という。

(2)　一般に酸化と還元は同時に起こらない。

(3)　物質が水素と化合することを還元という。

(4)　他の物質から水素を奪う性質のあるものは酸化剤で，逆に，他の物質に水素を与える性質のあるものが還元剤である。

(5)　還元剤は酸化されやすい物質で，酸化剤は還元されやすい物質である。

　(1)と(3)は酸化物（酸化によってできた化合物），つまり物質が酸素を失うか，または水素と化合することを還元というので，正しい。

　(2)は，前ページの(2)の，還元の式を H_2 について見ると，H_2 が酸素 O と結びついて H_2O になっているので酸化となります。つまり，CuO から見ると還元でも H_2 から見ると酸化になります。このように，酸化と還元は同時に起こるので，誤りです。

　(4)は，まず，相手の物質を酸化するものを酸化剤といい，自身は還元されます。

　従って，水素を失う反応は酸化であり，他の物質にそれを生じさせる物質だから酸化剤となります。また，水素と化合する反応は還元であり，他の物質にそれを生じさせる物質だから還元剤となります。

　(5)は「他の物質から酸化されやすい性質のある物質は還元剤である。」という具合に出題される場合もあります（自分が酸化されると，その相手は還元される）。

| 解　答 |

解答は次ページの下欄にあります。

【問題 29】

Ａの物質からＢの物質へ変化した場合，酸化反応はどれか。

　　　　Ａ　　　　　　Ｂ
(1)　黄りん　　　　赤りん
(2)　硫黄　　　　硫化水素
(3)　氷　　　　　　水蒸気
(4)　木炭　　　　二酸化炭素
(5)　濃硫酸　　　希硫酸

 解説

(1)　黄りんと赤りんは同素体であり，酸化や還元の結果，生じる物質どうしではありません（黄りんを窒素中で加熱すると赤りんになる）。

(2)　硫黄⇒　硫化水素，の式は，$S + H_2 \rightarrow H_2S$，であり，硫黄(S)が水素(H)と化合しているので，**還元**となります。

(3)　氷⇒　水蒸気，は昇華という**物理変化**であるので，誤りです。

(4)　木炭⇒　二酸化炭素，は $C + O_2 \rightarrow CO_2$ であり，木炭 C が酸素（O）と化合しているので**酸化**となります。なお，二酸化炭素が一酸化炭素であっても同じく酸化となります（木炭⇒一酸化炭素は，$C + \dfrac{1}{2}O_2 \rightarrow CO$　で酸化となる）。

(5)　濃硫酸⇒　希硫酸，は希釈（薄まる）という**物理変化**です。

【問題 30】 でるぞ〜

次の反応のうち，**下線部の物質が還元されている**ものはどれか。

(1)　メタンが燃焼して二酸化炭素と水蒸気になった。
(2)　二酸化炭素が赤熱した炭素に触れて一酸化炭素になった。
(3)　銅が加熱されて，酸化銅になった。
(4)　黄りんが燃焼して五酸化二りんになった。
(5)　石炭が燃焼して二酸化炭素と水蒸気になった。

 解説

解　答

【28】…(2)

まず，「燃焼は熱と光の発生を伴う酸化反応（P 164）」なので，燃焼反応の(1)，(4)，(5)は酸化になります。

また，(3)は，燃焼という言葉は入っていませんが，銅が酸化銅になる反応式は，$2\,Cu + O_2 \rightarrow 2\,CuO$　と酸素によって酸化されているので，酸化になります。

しかし，(2)の反応は，$CO_2 + C \rightarrow 2\,CO$ となり，$CO_2 \rightarrow CO$ と O（酸素）を1つ失なっているので，還元になります。

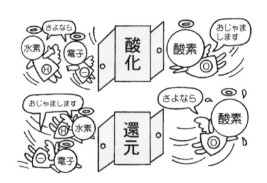

【問題31】

地中に埋設された危険物配管を電気化学的な腐食から防ぐのに異種金属を接続する方法がある。配管が鋼製の場合，次のうち，防食効果のある金属はどれか。

(1) すず　　(2) マグネシウム　　(3) 鉛　　(4) 銅　　(5) ニッケル

鋼（鉄）の腐食を防ぐには，鉄よりイオン化傾向の大きい金属を接続すればよいので，P 153 のイオン化列において Fe より左にある金属であればよいことになります。

従って，(1)〜(5)の中では，(2)のマグネシウムのみが該当するので，これが正解となります。なお，Zn（亜鉛），Al（アルミニウム），Na（ナトリウム）なども Fe より左にあるので，鉄よりイオン化傾向が大きく，防食効果があります。

解　答

【29】…(4)　　　　　　　　【30】…(2)　　　　　　　　【31】…(2)

酸と塩基

乙4すっきり重要事項　NO.17

1．酸

酸とは，水に溶けた場合，電離して**水素イオン（H$^+$）**を出すものをいいます。

　例）HCl　→　H$^+$　+　Cl$^-$

　　　（塩酸が　水に溶けて　水素イオン　と　塩素イオンを生じる）

① 　水溶液は**酸性**を示し，青色のリトマス試験紙を**赤色**に変えます。

② 　酸と金属が反応すると，**水素**を発生します。

2．塩基

塩基とは，水に溶けた場合，電離して**水酸化物イオン（OH$^-$）**を出すものをいいます。

　例）NaOH　→　Na$^+$ +　OH$^-$

　　　（水酸化ナトリウムが　水に溶けて　ナトリウムイオンと　水酸化物イオンを生じる⇒　水溶液はアルカリ性を示す）

表　酸と塩基の比較

		酸	塩基
①	水溶液中で生じるイオン	水素イオン（H$^+$）	水酸化物イオン（OH$^-$）
②	リトマス試験紙	青→赤	赤→青
③	水溶液	酸　性	アルカリ性

なお，水に溶けた水溶液の性質を，酸は**酸性**とそのまま表現しますが，塩基の場合，（乙4試験では）塩基性より**アルカリ性**と表現するのが一般的なので，注意してください。

3．中和

酸と塩基を混合すると，塩と水が生じます。この反応を**中和**といいます。

4．pH（水素イオン指数）

　水溶液の酸性やアルカリ性（塩基性）の度合いを表すもので，pH 7 を中性とし，それより数値が大きいと**アルカリ性**，小さいと**酸性**となります。

pH=0　　　　　　　　　　　pH=7　　　　　　　　　　　pH=14
　　　1　2　3　4　5　6　　　　7　　8　9　10　11　12　13
　　10^{-1} 10^{-2} 10^{-3} 10^{-4} 10^{-5} 10^{-6}　　　10^{-8} 10^{-9} 10^{-10} 10^{-11} 10^{-12} 10^{-13}
$[H^+]=10^0$　　　　　　　　　$[H^+]=10^{-7}$　　　　　　　　　$[H^+]=10^{-14}$
　　　　　　酸性　　　　　　　　　中性　　　　アルカリ性

強酸性 ⟺ 弱酸性　　　　弱塩基性 ⟺ 強塩基性

試験によく出る問題と解説

【問題 31】

　塩酸と水酸化ナトリウムを反応させた場合，誤っているものは次のうちどれか。ただし，両者の濃度は同じで，反応式は次の通りである。

　　　$HCl + NaOH \rightarrow NaCl + H_2O$

(1)　この水溶液は青色のリトマス試験紙を赤色に変える。
(2)　この水溶液の pH は 7 である。
(3)　この反応は中和反応である。
(4)　水酸化ナトリウムは塩基である。
(5)　水溶液は中性である。

　　塩酸は酸であり，水酸化ナトリウムは塩基であるので（従って，4 は正しい），この反応式は，酸と塩基から**塩**（NaCl）と**水**（H_2O）が生じる中和反応を表しています。従って，(3)は正しい。

　　また，塩酸と水酸化ナトリウムは濃度が同じなので，中和反応させたこの水溶液は**中性**となり，pH は 7 となるので(2)(5)は正しいが，(1)の「青色のリトマス試験紙を赤色に変える」というのは，**酸性**の水溶液の場合なので，誤りです（この液は中性です）。

──｜解　答｜────────────────────

解答は次ページの下欄にあります。

【問題 32】

酸及び塩基についての次の説明のうち，正しいものはどれか。

(1) 水溶液の中で電離して水酸化物イオンを出すものは酸である。

(2) 水酸化ナトリウム水溶液の水素イオン指数は，7 より小さい。

(3) 赤色のリトマス試験紙を青色に変えるのは酸である。

(4) 塩酸は酸なので，pH は 7 より大きい。

(5) pH 5.1，pH 6.8，pH 7.1 のうち，酸性で，かつ，中性に最も近いのは，pH 6.8 である。

(1) 水酸化物イオン（OH⁻）を出すのは**塩基**です。

(2) 水酸化ナトリウム水溶液はアルカリ性（塩基性）なので，水素イオン指数は，7 より**大きく**なります（酸の pH は 7 より小さい）。

(3) 信号が赤から青に変わる⇒歩く⇒アルク⇒<u>アルカリ性</u>　と覚えよう。

(4) 塩酸は酸なので，pH は 7 より**小さく**なります。

(5) 酸性は 7 より小さく，**中性＝7** なので，pH 6.8 が当てはまります。

解　答

5 有機化合物・金属

乙4すっきり重要事項 NO.18

1. 有機化合物とは？

① 一般に炭素の化合物を有機化合物という。

② 有機化合物は炭素原子の結合の仕方により，鎖式化合物と環式化合物に分類される。

2. 有機化合物の特性

① 有機化合物の主成分は，C（炭素），H（水素），O（酸素），N（窒素）である。

② 一般に燃えやすく，燃焼すると二酸化炭素と水になる。

③ 一般に融点及び沸点が低い。

④ 一般に水に溶けにくいが，有機溶媒（アルコールなど）にはよく溶ける。

⑤ 一般に静電気が発生しやすい（電気の不良導体であるため）。

⑥ その化合物の性質を決める働きをするものを官能基といい，代表的なものに，水に溶けやすい性質を示すヒドロキシル基（-OH）があり，分子内にヒドロキシル基を含むものには，エタノール，メタノールなどがある。

3. 金属の性質

① 一般的に展性（厚さを薄くできる性質），延性（長く延ばせる性質）に富んでいる。

② 一般に比重が大きい。

・比重が4より小さいもの⇒ 軽金属という。

・比重が4より大きいもの⇒ 重金属という。

③ 常温で固体である（水銀は除く）。

④ 熱や電気の良導体である（熱や電気を良く伝える）。

○ 主な金属の熱伝導度を左から大きい順に並べると

⇒ 銀＞銅＞金＞アルミニウム＞亜鉛＞鉄＞鉛＞水銀

（電気伝導度もおおむねこの順です）

試験によく出る問題と解説

有機化合物

【問題33】

有機化合物について説明した次の記述のうち，正しいものはどれか。

(1) 燃焼性のものは，ほとんどない。

(2) 一般に，静電気が蓄積しにくい。

(3) 主な成分元素は，炭素，水素，酸素，窒素などである。

(4) 電気を伝えやすいものが多い。

(5) ほとんどがイオン結合である。

(1) 一般に有機化合物は<u>可燃性</u>で，燃焼すると水と二酸化炭素を発生するので，誤りです。

(2) 一般に有機化合物は電気の**不良導体**なので，静電気が生じやすく，蓄積<u>されやすい</u>ので，誤りです。

(4) (2)の説明の通り，有機化合物は電気の不良導体で，電気を伝えないので，誤りです。

(5) イオン結合は無機化合物の方で，有機化合物の方は**共有結合**がほとんどなので誤りです。

【問題34】

有機化合物について，次のうち誤っているものはどれか。

(1) 鎖式化合物と環式化合物に大別される。

(2) 水に溶けないものが多い。

(3) 無機化合物に比べて，融点及び沸点が高いものが多い。

(4) 炭素と水素からなる有機化合物を炭化水素といい，完全燃焼させると，二酸化炭素と水になる。

(5) アルコールなどの有機溶媒には溶けるものが多い。

解　答

解答は次ページの下欄にあります。

一般に，有機化合物の融点および沸点は<u>低い</u>ので，(3)が誤りです。

金　属

【問題35】

　金属に関する次の記述のうち，**誤っているもの**はどれか。

(1)　銅と鉄では，銅の方が熱伝導率が大きい。

(2)　金属は熱が蓄積されやすい。

(3)　一般に金属は酸化されやすい。

(4)　比重が4より大きいものを重金属という。

(5)　金属を粉にすると燃えやすくなる。

(1)　熱伝導率を大きい順に並べると，銀＞**銅**＞金＞アルミニウム＞亜鉛＞**鉄**
　　＞鉛＞水銀，となります。従って，銅の方が大きいので正しい。

(2)　金属は熱伝導率が大きい，すなわち，熱の**良導体**であるので，熱によっ
　　て温度が上昇しても，すぐに，より温度が低いところへ逃げてしまいます。
　　従って熱が<u>蓄積されにくい</u>，ということになるので誤りです。

(3)　正しい（錆も酸化によって起こります）。

(4)　軽金属の方は，比重が4<u>より小さい</u>ものをいいます。

(5)　金属を粉にすると熱伝導率が小さくなり，表面積が増えるので燃えやす
　　くなります（⇒よって，「金属は燃焼しない」は誤り）。

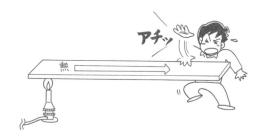

金属は熱をよく伝えます　⇒　熱伝導率が大きい

第3章　燃焼及び消火の基礎知識

1 燃　焼

1．燃焼と燃焼の三要素

① 燃焼
「熱と光の発生を伴う酸化反応」のことをいいます。

② 燃焼の三要素
物質を燃焼させる際に必要となる要素のことで，「可燃物（燃えるもの）」，「酸素供給源（空気や酸化剤など）」，「火源（マッチの火や静電気による火花など）」の3つをいいます。

2．燃焼の種類

(1) **液体の燃焼**
蒸発燃焼　液面から蒸発した可燃性蒸気が空気と混合して燃える燃焼。
例) ガソリン，アルコール類，灯油，重油など

(2) **固体の燃焼**
① **表面燃焼**　可燃物の表面だけが燃える燃焼をいいます。
例) 木炭，コークスなど
② **分解燃焼**　可燃物が加熱されて熱分解し，その際発生する可燃性ガスが燃える燃焼をいいます。
例) 木材，石炭などの燃焼
内部燃焼（自己燃焼）　分解燃焼のうち，その可燃物自身に含まれている酸素によって燃える燃焼をいいます。
例) セルロイド（原料はニトロセルロース）など
③ **蒸発燃焼**　硫黄,ナフタリンなどの燃焼で,あまり一般的ではありません。

(3) **気体の燃焼**
① **拡散燃焼**　可燃性ガスと空気（または酸素）とが，別々に供給される燃焼。
例) ろうそくの燃焼
② **予混合燃焼**　可燃性ガスと空気（または酸素）とが，燃焼開始に先立ってあらかじめ混合される燃焼
例) ガスバーナーの燃焼，ガソリンエンジンなどの燃焼

蒸発燃焼

表面燃焼

分解燃焼

内部燃焼

蒸発燃焼（固体）

試験によく出る問題と解説

【問題 36】

燃焼に関する説明として，次のうち誤っているものはどれか。

(1) 燃焼は，急激な発熱，発光等を伴う酸化反応である。

(2) 可燃物は，どんな場合でも空気がなければ燃焼しない。

(3) 燃焼の3要素とは，可燃物，酸素供給源及び点火源のことである。

(4) 点火源は，可燃物と酸素の反応を起こすために必要なエネルギーを与えるものである。

(5) 固体の可燃物は，細かく砕くと燃焼しやすくなる。

　　燃焼の3要素には，**可燃物**，**酸素供給源**および**点火源**があり，このうち「酸素供給源」は，一般には空気のことを言いますが，**酸化剤**（第1類や第6類の危険物など）のように物質内に含まれている酸素が「酸素供給源」になる

解　答

解答は次ページの下欄にあります。

　場合もあります。従って，空気以外にも「酸素供給源」になる場合があるので，(2)が誤りです。

　なお，この(2)は「**燃焼に必要な酸化剤として，二酸化炭素や酸化鉄などの酸化物中の酸素が使われることはない。**」という形で出題される場合もありますが，同じく×です。

　(5)は，細かく砕くとそれだけ空気(酸素)に触れる部分が増える，つまり，可燃物の表面積が増えるため燃焼しやすくなります。

【問題 37】

　燃焼について，次の文の(　)内の A～C に当てはまる語句の組合せとして，正しいものはどれか。

「物質が酸素と反応して(　A　)を生成する反応のうち，(　B　)の発生を伴うものを燃焼という。有機物が完全燃焼すると，酸化反応によって安定な(　A　)に変わるが，酸素の供給が不足すると生成物に(　C　)，アルデヒド，すすなどの割合が多くなる。」

	A	B	C
(1)	酸化物	熱と光	二酸化炭素
(2)	還元物	煙と炎	二酸化炭素
(3)	酸化物	熱と光	一酸化炭素
(4)	酸化物	煙と炎	二酸化炭素
(5)	還元物	熱と光	一酸化炭素

　有機物が完全燃焼すると，二酸化炭素と水を発生しますが，不完全燃焼すると，すすや一酸化炭素などを発生します。

解　答

【36】…(2)

【問題 38】

次の性状を有する引火性液体の説明として，正しいものはどれか。

沸点	78.5℃
引火点	11.9℃
発火点	363℃
燃焼範囲	3.3〜19 vol%
液体の比重	0.78
蒸気比重	1.6

(1)　液温が 78.5℃ に加熱されても，液体の蒸気圧は標準大気圧と等しくならない。

(2)　この液体 1 kg の容積は，0.78 ℓ である。

(3)　引火するのに十分な濃度の蒸気を液面上に発生する最低の液温は 11.9℃ である。

(4)　炎を近づけても，液温が 363℃ になるまでは燃焼しない。

(5)　発生する蒸気の重さは，水蒸気の 1.6 倍である。

(1)　沸点が 78.5℃ ということは，液温が 78.5℃ で外圧（標準大気圧）と等しくなり，沸騰するということなので，液温が 78.5℃ に加熱されれば，液体の蒸気圧は標準大気圧と**等しくなります**。

(2)　比重が 0.78 なので，この液体 1 ℓ は 780 g。よって，この 1 ℓ が 780 g の液体を 1000 g（1 kg）にしたときの容積（ℓ）を求めればよいので，比例より，1000÷780≒1.28 倍だから，1 ℓ の 1.28 倍，すなわち 1.28 ℓ となり，誤りです。

(3)　引火するのに十分な濃度の蒸気を液面上に発生する最低の液温とは，引火点のことなので，11.9℃ で正しい。

(4)　炎を近づけると，引火点の 11.9℃ になると引火します。

(5)　発生する蒸気の重さは，水蒸気ではなく，空気の 1.6 倍です。

解　答

【37】…(3)

【問題39】 でるぞ～

　次の組合せのうち，**燃焼が起こらないもの**はどれか。

(1)　電気火花…………………一酸化炭素………………空気
(2)　静電気火花…………ヘリウム………………酸素
(3)　ライターの炎………水素………………………空気
(4)　衝撃火花…………………二硫化炭素……………酸素
(5)　酸化熱………………………天ぷらの揚げかす………酸素

解説

(1)　電気火花は点火源，一酸化炭素は CO であり，酸素と結びついて二酸化炭素になるので可燃物，空気は酸素供給源になります。
(2)　静電気火花は点火源ですが，ヘリウムは不活性ガスなので不燃物であり，燃焼は起こりません。
(3)　ライターの炎は点火源，水素は可燃物，空気は酸素供給源になります。
(4)　衝撃火花は点火源，二硫化炭素は可燃物，酸素は酸素供給源になります。
(5)　天ぷらの揚げかすを重ねたりして置いておくと，酸化熱により熱が蓄積し，やがて発火点まで達すると，発火して燃焼することがまれにあります（結果的に酸化熱が点火源となっている）。

【問題40】 でるぞ～

　次の燃焼の仕方に関する記述のうち，**正しいのはいくつあるか**。

A　水素のように，気体がそのまま燃焼することを内部（自己）燃焼という。
B　表面燃焼とは，液体の表面だけが（熱分解も蒸発もせず）燃える燃焼をいう。
C　可燃物（固体）が加熱されて熱分解し，その際発生する可燃性ガスが燃える燃焼を蒸発燃焼という。
D　可燃性ガスと空気あるいは酸素とが，燃焼開始に先立ってあらかじめ混ざり合って燃焼することを予混合燃焼という。
E　可燃物自身に含まれている酸素によって燃える燃焼を自己燃焼という。

解　答
【38】…(3)

(1) 1つ　　　(2) 2つ　　　(3) 3つ　　　(4) 4つ　　　(5) 5つ

A　気体の燃焼には，①**拡散燃焼**（可燃性ガスと空気が混合しながら燃焼すること）とDの②**予混合燃焼**があり，水素の燃焼は①なので，誤り。

B　表面燃焼とは，液体ではなく**固体**の表面だけが（熱分解も蒸発もせず）燃える燃焼をいいます。

C　問題文は**分解燃焼**の説明になっているので誤りです。

D，E　正しい（Dの予混合燃焼についてはよく出題されるので注意！）。

　従って，正しいのはDとEなので，正解は(2)です。

【問題 41】 でるぞ〜

燃焼に関する説明として，次のうち誤っているものはどれか。

(1)　ニトロセルロースのように，分子内に酸素を含有し，その酸素によって燃焼することを内部燃焼という。

(2)　木炭のように，熱分解や気化することなく，そのまま高温状態となって燃焼することを表面燃焼という。

(3)　硫黄のように，融点が発火点より低いため，融解し，さらに蒸発して燃焼することを分解燃焼という。

(4)　石炭のように，熱分解によって生じた可燃性ガスが燃焼することを分解燃焼という。

(5)　メタノールのように，液面から発生した蒸気が燃焼することを蒸発燃焼という。

(1)　ニトロセルロースは，**セルロイド**の原料になるもので，**内部燃焼**をする第5類の危険物です。よって，正しい。

(2)　木炭は，熱分解や気化することなく，表面だけが燃える**表面燃焼**なので正しい。

(3)　硫黄は，**ナフタレン**などと同じく固体ではありますが，蒸発して燃焼をする**蒸発燃焼**なので，分解燃焼は誤りです。

解　答

【39】…(2)

(4)　正しい。なお，**石炭**は**分解**燃焼ですが，(2)の**木炭**は**表面**燃焼なので間違わないように！

【問題 42】

次の物質の組合せのうち，常温（20℃），1気圧において，通常どちらも蒸発燃焼するものはどれか。

A　ガソリン，硫黄

B　木材，コークス

C　紙，金属粉

D　ナフタレン，固形アルコール

E　木炭，石炭

(1)　A，C　　(2)　A，D　　(3)　B，D　　(4)　B，E　　(5)　C，E

A　ガソリン，硫黄（固体）とも蒸発燃焼です。

B　木材は分解燃焼，コークスは表面燃焼です。

C　紙は分解燃焼，金属粉は表面燃焼です。

D　ナフタレン，固形アルコール（固体）とも蒸発燃焼です。

E　木炭は表面燃焼，石炭は分解燃焼です。

【問題 43】

一酸化炭素と二酸化炭素について，次のうち誤っているものはどれか。

(1)　一酸化炭素は可燃物であるが，二酸化炭素は不燃物である。

(2)　木炭が完全燃焼すると二酸化炭素が生じるが，不完全燃焼すると一酸化炭素が生じる。

(3)　一酸化炭素は空気より軽く，二酸化炭素は空気より重いので，二酸化炭素の方が重く，また，一酸化炭素，二酸化炭素とも酸素供給源にはならない。

(4)　一酸化炭素より二酸化炭素の方が重く，また，毒性も強い。

(5)　一酸化炭素が燃えると二酸化炭素になる。

解　答

【40】…(2)　　　　　　　　　　　　　　　【41】…(3)

解説

(1)　一酸化炭素は CO であり，$\frac{1}{2}$ O₂ と結びついて二酸化炭素 CO₂ になりま

すが，二酸化炭素は酸素とは反応しないので**不燃物**となります(正しい)。

(2)　木炭 C が完全燃焼すると，C+O₂→CO₂　と二酸化炭素になりますが，

不完全燃焼すると，C+O→CO　と一酸化炭素になるので，正しい。

(4)　一酸化炭素の毒性は強く，吸入すると数分で死亡する場合もあります。

(5)　一酸化炭素が燃えると，CO+$\frac{1}{2}$ O₂→CO₂　と二酸化炭素になります。

第2編

燃

焼

＜合格のためのテクニック"番外編"その2＞

―すきま時間を利用しよう―

　すきま時間というのは，通勤電車に乗っているときの時間や昼休みのほんのわずかな時間，あるいは駅から自宅へ帰る際に公園などのベンチに座って本を広げる 10 分程度の時間などの，日常的にわずかに生じる時間のことをいいます。このわずかな時間を有効に活用すると，結構な成果が得られる可能性があるのです。事実，通勤電車に乗っているわずかな時間を利用して国家試験の中でも難関の部類に入る試験に合格された例もあるのです。

　従って，「仕事が忙しくてなかなか時間が取れなくて……」という方も一度，自分の「すきま時間」を再確認して，それを有効に利用されてみたらいかがでしょうか。

じゃ5分ほど本を開くか…

解　答

【42】…(2)　　　　　　　　　　【43】…(4)

2 燃焼範囲と引火点，発火点

1. 燃焼範囲（爆発範囲）

　　可燃性蒸気が空気と混合して燃焼することができる濃度範囲を**燃焼範囲**といいます。

① 可燃性蒸気（混合気）の濃度は，次の式で表します。

$$濃度 = \frac{可燃性蒸気〔\ell〕}{混合気全体〔\ell〕} \times 100 〔vol\%〕$$

$$= \frac{可燃性蒸気〔\ell〕}{可燃性蒸気 + 空気〔\ell〕} \times 100 〔vol\%〕$$

② 燃焼範囲のうち，低い濃度の限界を**下限値（下限界）**，高い方の限界を**上限値（上限界）**といいます。

③ 下限値の時の液温が**引火点**です。

④ 下限値が低いほど，また燃焼範囲が広いほど危険性が**大きく**なります(空気中に少し漏れただけで，また混合気がより薄い状態からより濃い状態まで燃焼可能だからです)。

2. 引火点と発火点

(1) **引火点**

　　可燃性液体の表面に点火源をもっていった時，引火するのに十分な濃度の蒸気を液面上に発生している時の，**最低の液温**をいいます。

(2) **発火点**

　　可燃物を空気中で加熱した場合，点火源がなくても発火して燃焼を開始する時の，**最低の温度**をいいます。

3. 自然発火

　　（常温において）物質が空気中で自然に発熱し，その熱が長時間蓄積されて発火点に達し，ついには燃焼を起こす現象をいいます。

○ 第4類で自然発火の危険性があるのは，**動植物油類の乾性油**です。

試験によく出る問題と解説

【問題 44】

　次の文から，引火点および燃焼範囲の下限値の説明として考えられる組み合わせはどれか。

　　「ある引火性液体は，液温 30℃ で液面付近に濃度 9 vol％の可燃性蒸気を発生した。この状態でマッチの火を近づけたところ引火した。」

	引火点	燃焼範囲の下限値
(1)	10℃	10 vol％
(2)	15℃	6 vol％
(3)	20℃	10 vol％
(4)	35℃	8 vol％
(5)	40℃	6 vol％

　「マッチの火を近づけたところ引火した。」ということは，液温（30℃）が**引火点以上**，可燃性蒸気の濃度（9 vol％）が**燃焼範囲の下限値以上**になっている，ということです。よって，引火点はその 30℃ より低い温度のはずで，また，燃焼範囲の下限値の濃度（引火点の時に液面上に発生する可燃性蒸気の濃度）も 9 vol％以下のはずです。従って，引火点が 30℃ 以下の数値を探すと，(1)～(3)が該当しますが，同時に燃焼範囲の下限値が 9 vol％以下のところを探すと，(2)しかないので，これが正解となります。

【問題 45】

　ある可燃性液体の引火点が 11℃，燃焼範囲の下限値が 5 vol％，上限値が 15 vol％であるという。この液体について，次のうち誤っているものはどれか。

　(1)　液温が 15℃ のとき，液面上に発生している可燃性蒸気の濃度は 5 vol％以上である。

　(2)　この液体の発火点は，可燃性蒸気の濃度が 15 vol％になったときの液温である。

解　答

解答は次ページの下欄にあります。

第2編

燃焼範囲と引火点、発火点

(3)　液温が 11℃ のとき，液面上に発生している可燃性蒸気の濃度は 5 vol%
である。

(4)　可燃性蒸気の濃度が 15 vol%を超えると，マッチの火を近づけても燃焼
しない。

(5)　液温が 11℃ 以下になると，液面上に発生している可燃性蒸気の濃度は
5 vol%以下になる。

まず，図に表すと次のようになります。

5 vol%（下限値）　　　　　　　　　　　　　　　15 vol%（上限値）

燃焼範囲

a

液温（11℃）＝引火点

(1)　液温が，15℃ ということは，図の a 点より右側になるので，可燃性蒸
気の濃度も当然，5 vol%以上になっているので，正しい。

(2)　15 vol%というのは，燃焼範囲の上限値であり，その時の液温は発火点
ではないので誤りです（発火点⇒　火源がなくても燃焼を開始する最低の
温度のこと）。

(3)　引火点とは，「燃焼範囲の下限値（5 vol%）の濃度の蒸気を液面上に発
生しているときの**液温**，つまり燃焼範囲の下限値のときの液温」のことを
いいます。従って，液温が引火点である 11℃ のときの可燃性蒸気の濃度
は燃焼範囲の下限値である 5 vol%ととなるので，よって，正しい。

(4)　燃焼範囲とは，当然，可燃性蒸気が**燃焼可能**な範囲のことであり，濃度
がその上限値である 15 vol%を超えると，蒸気の濃度が濃すぎて燃焼しな
くなるので，正しい。

(5)　液温が引火点より低くなると，可燃性蒸気の濃度は燃焼範囲の下限値，
つまり，a 点より左になる（低くなる）ので正しい。

【問題 46】でるぞ～

次の文についての説明として，正しいものはどれか。

解　答

【44】…(2)

「ある可燃性液体の引火点は，50℃ である。」

(1)　気温が 50℃ になると，自然に燃えだすことである。

(2)　気温が 50℃ になると，蒸気が発生し始めることである。

(3)　液温が 50℃ になると，自然に燃えだすことである。

(4)　液温が 50℃ になると，火源があれば火がつくことである。

(5)　液温が 50℃ になると，液体の内部から蒸発し始めることである。

 解説

　引火点が 50℃ なので，当然，液温が 50℃ になると，燃焼範囲の下限値の濃度の蒸気を液面上に発生しているので，火源があれば火がつくことになります。よって，(4)が正解となります。

　なお，引火点や発火点の定義に，(1)や(2)の「気温」というのは含まれていないので，念のため〔(5)の「液体の内部から蒸発」というのは，沸騰，または沸点に関する内容です〕。

【問題 47】

　ガソリン蒸気が（　Ａ　）ℓ ある。これに空気を（　Ｂ　）ℓ 加えて点火すると燃焼した。（　）内に当てはまる数値として，次のうち正しいものはどれか。ただし，ガソリンの燃焼範囲は 1.4～7.6 vol％ とする。

	Ａ	Ｂ		Ａ	Ｂ
(1)	1	99	(2)	4	96
(3)	8	92	(4)	10	90
(5)	15	85			

 解説

　可燃性蒸気の濃度は，「蒸気〔ℓ〕／（蒸気＋空気）〔ℓ〕×100〔vol％〕」という式で表されるので，(1)～(5)までをそれぞれ求めて，それが 1.4～7.6 vol％ の範囲内にあれば，それが正解になります。よって，計算すると，

(1)　$\dfrac{1}{1+99} \times 100 = 1$ 〔vol％〕，

(2)　$\dfrac{4}{4+96} \times 100 = 4$ 〔vol％〕，

解　答

【45】…(2)

(3) $\dfrac{8}{8+92}\times100=8$ 〔vol%〕,

(4) $\dfrac{10}{10+90}\times100=10$ 〔vol%〕,

(5) $\dfrac{15}{15+85}\times100=15$ 〔vol%〕

　従って，(2)の 4 % が 1.4〜7.6 の範囲内にあるので，これが正解となります。

> (注) vol%について
>   vol%は，ボリュームパーセントと読み，体積%，または容量%などと表す場合もあります。

【問題 48】

次の説明のうち，誤っているものはどれか。

(1) 物質が自然に発熱し，その熱が蓄積して引火点に達すると自然発火を起こすおそれがある。

(2) 一般に，油類の発火点は引火点より高い。

(3) 自然発火の原因となる熱としては，酸化熱や分解熱などがある。

(4) 可燃物を空気中で加熱した場合，点火されなくても自ら燃え始める時の最低の温度を発火点という。

(5) 引火点が低いものは，低い温度でも可燃性蒸気が多く発生するので，危険性がより高い。

　「引火点に達すると」ではなく「発火点に達すると」が正解です。

【問題 49】

次の文章の（　）内に当てはまるものとして，正しいものはどれか。

「引火後 5 秒間燃焼が継続する最低の温度のことを（　）という。」

(1) 下限値　　(2) 燃焼点　　(3) 引火点

(4) 発火点　　(5) 燃焼熱

　燃焼点についての説明です。なお，燃焼点は，一般的には引火点より数℃程度高い温度となっています（出題例があるので，覚えておこう！）

＜チェック・ポイント②＞

☐ (1)　可燃物，酸素供給源および点火源のことを燃焼の３要素という。

☐ (2)　液体の燃焼には蒸発燃焼のほか，液体の表面だけが燃える表面燃焼がある。

☐ (3)　可燃性蒸気が空気と混合することができる濃度範囲を燃焼範囲という。

☐ (4)　混合ガスの濃度は，可燃性蒸気の体積を，混合している空気の体積で割った値，すなわち，体積％で表す。

☐ (5)　「燃焼範囲の下限値の濃度の蒸気を液面上に発生している時の液体の温度」，あるいは「空気中で可燃性液体に小さな炎を近づけたとき，燃え出すに十分な濃度の蒸気を液面上に発生する最低の液温」を引火点という。

☐ (6)　可燃性液体の温度が発火点に達しても点火源がなければ発火しない。

☐ (7)　液温 30℃ の可燃性液体が点火源なしに発火すれば，その液体の発火点は 30℃ よりも高い温度である。

☐ (8)　液温 30℃ の可燃性液体にマッチの火を近づけたら燃焼した。この液体の引火点は 30℃ よりも低い温度である。

＜答＞

---

(1)　(P 164 参照)。→○

(2)　表面燃焼は，**固体**の燃焼の仕方です（P 164 参照）。→×

(3)　単に空気と混合するだけではなく，混合して**燃焼**することができる濃度範囲を燃焼範囲といいます（P 172 参照）。→×

(4)　混合ガスの濃度は，可燃性蒸気の体積を，「可燃性蒸気の体積」と「混合している空気の体積」を合わせた体積，すなわち，混合ガス全体の体積で割った値（体積％）で表します（P 172 参照）。→×

(5)　(P 172 参照)。→○

(6)　発火点に達すれば，点火源がなくても発火します（P 172 参照）。→×

(7)　30℃ よりも**低い**温度です。→×　　　(8)　→○

3 燃焼の難易と粉じん爆発

重要

乙4すっきり重要事項　NO.21

1. 燃焼の難易

　物質は，一般に次の状態ほど燃えやすく（火災の危険が大きく）危険です。

① 酸化されやすい。

② 空気との接触面積が広い。

③ 可燃性蒸気が発生しやすい（＝　沸点が低い）。

④ 発熱量（燃焼熱）が大きい。

⑤ 周囲の温度が高い。

⑥ 熱伝導率が小さい。

　　（熱伝導率が小さい⇒　熱が伝わりにくい⇒　熱が逃げにくい⇒　温度
　　が上昇⇒　燃えやすい）

⑦ 比熱が小さい（⇒　少しの熱で温度が上昇するため）。

⑧ 水分が少ない（⇒　乾燥している）。

⑨ 引火点，発火点が低い（⇒　より低い温度で引火及び発火するため）。

⑩ 燃焼範囲の下限値が低い（⇒　可燃性蒸気が少しあるだけで燃焼が可能
　になるため）。

2. 粉じん爆発

　粉じん爆発とは，可燃性固体＊の微粉が空気中に浮遊しているとき，何ら
かの火源により爆発することをいい，次のような特徴があります。
（＊鉄粉，硫黄や小麦粉など）。

① 有機物が粉じん爆発を起こした場合，**不完全燃焼**を起こしやすく，一酸
　化炭素が発生しやすい。

② 粉じんの粒子が小さいほど爆発しやすく，大きいほど爆発しにくい。

③ 粉じんと空気が適度に混合しているときに（⇒燃焼範囲内）粉じん爆発
　が起こる。

④ 最小着火エネルギーはガス爆発よりも大きいので，ガスよりは着火しに
　くい。

試験によく出る問題と解説

【問題 50】

可燃物の一般的な燃焼の難易として，次のうち誤っているものはどれか。

(1) 水分の含有量が少ないほど燃焼しやすい。

(2) 空気との接触面積が大きいほど燃焼しやすい。

(3) 周囲の温度が高いほど燃焼しやすい。

(4) 熱伝導率の大きい物質ほど燃焼しやすい。

(5) 蒸発しやすいものほど燃焼しやすい。

　　熱伝導率は小さいほど，熱が伝わりにくくなるので，熱が蓄積され，燃えやすくなります。

【問題 51】

次の燃焼の難易に関する記述のうち，誤っているのはどれか。

(1) 物質を粉状にすると燃えやすくなるのは，比表面積（単位重量あたりの表面積）が大きくなるからである。

(2) 熱伝導率が小さいと燃えやすくなるのは，熱が逃げにくいからである。

(3) 可燃性蒸気が発生しやすい物質ほど燃えやすい。

(4) 引火性液体を噴霧状にすると，沸点が下がり表面積が小さくなるので燃えにくくなる。

(5) 発熱量が大きいものほど燃えやすい。

　　引火性液体を噴霧状にすると，表面積が大きくなり燃えやすくなります。また，噴霧状（霧状）にしても沸点は下がりません。

解　答

解答は次ページの下欄にあります。

第2編

燃焼の難易と粉じん爆発

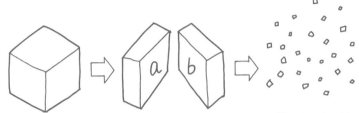

物質を2つに割ると新たにaとbの
部分が表面積として増える
⇒ 空気と接触する面積がその分増える

物質を粉状にすると
もっと表面積が増え
その分燃えやすく
なります

【問題52】

次のうち，燃焼の難易に直接関係のないものはどれか。

A　体膨張率　　　　　　B　空気との接触面積　　　　C　含水量
D　気化熱　　　　　　　E　熱伝導率

(1)　A，C　　(2)　A，D　　(3)　B，C　　(4)　B，D　　(5)　C，E

　　体膨張率は燃焼の難易に直接関係なく，また，気化熱は潜熱（物質の状態
のみを変える働きを持つ熱）であり，物質の温度を直接上げる作用はありません。

［補足問題］

粉じん爆発について，次のうち誤っているものはどれか。

A　粒子の小さい粉じんほど爆発を起こしやすく，粒子が大きいほど爆
　　発しにくい。
B　粉じんの爆発のしやすさは，粉じんの粒度や粒度分布に関係する。
C　有機物が粉じん爆発を起こしたとき，燃焼が完全なので一酸化炭素
　　を起こしにくい。
D　粉じん爆発は，閉鎖された空間で起こりやすい。
E　可燃性固体の粉じん雲中では，静電気は発生しない。

(1)　A，C　　(2)　B，E　　(3)　C，D　　(4)　C，E　　(5)　D，E

解　答

【50】…(4)　　　　　　　　　　　【51】…(4)

A　正しい。粒子が小さいと浮遊しやすくなるので，爆発しやすく，粒子が大きいと浮遊しにくいので，爆発を起こしにくくなります。

B　正しい。

C　誤り。有機物が粉じん爆発を起こしたときは，不完全燃焼を起こしやすいので，一酸化炭素が発生しやすくなります。

D　正しい。

E　誤り。粉じん雲は，可燃性の粒子（固体）が微粉の状態で空気中を一定濃度で浮遊しているもので，粒子どうしの接触などにより，気体より静電気が発生しやすくなります。

＜合格のためのテクニック"番外編"その３＞

―自分流の"虎の巻"を作ってみよう―

　　冒頭の合格のためのテクニックでも触れましたが，問題集は最高のテキスト，つまり，"合格虎の巻"です。その問題集を何回も解いていくと，自分の苦手な箇所が自然とわかってくるものです。その部分を面倒臭がらずにノートにまとめておくと，知識が整理されるとともに，番外編その２でも説明した「すきま時間」で活用できたり，また，受験直前の知識の再確認などに利用できるので，特に暗記が苦手な方にはおすすめです。

4 消火の基礎知識

1．消火の方法

　　消火の方法には，「除去消火」「窒息消火」「冷却消火」があり，これらを消火の三要素といいます。

(1)　除去消火

　　可燃物を除去して消火をする方法。

(2)　窒息消火

　　酸素の供給を断って消火をする方法。

(3)　冷却消火

　　燃焼物を冷却して熱源を除去し，燃焼が継続出来ないようにして消火をする方法。（消火の四要素という場合は，次の負触媒消火も加わります。）

(4)　**負触媒（抑制）消火**

　　燃焼の連鎖反応をハロゲンなどの抑制作用によって消火をする方法。

2．適応火災と消火効果

消火剤			主な消火効果	適応する火災		
				普通	油	電気
水系	水	棒状	冷却	○	×	×
		霧状	冷却	○	×	○
	強化液	棒状	冷却	○	×	×
		霧状	冷却　抑制*	○	○	○
	泡		冷却　　　窒息	○	○	×
ガス系	ハロゲン化物		抑制　窒息	×	○	○
	二酸化炭素		窒息	×	○	○
粉末	粉末(ABC)消火剤		抑制　窒息	○	○	○
	粉末(Na)消火剤		抑制　窒息	×	○	○

＊抑制効果は**負触媒効果**ともいいます。

（注：乾燥砂は油火災のみに適応し，普通火災，電気火災に適応しない）

① 水溶性液体の消火に泡消火剤を用いる場合は，水溶性液体用泡消火剤を用います。

② **霧状の強化液**と**粉末（ABC）消火剤**（りん酸塩を主成分とするもの）はすべての火災に適応します。

③ 油火災に不適当な消火剤
　⇒ 強化液（棒状），　水（棒状，霧状とも）

こうして覚えよう！　＜油火災に不適切な消火剤＞

老いるといやがる　凶暴　　な水
オイル（油）　　　　強化液（棒状）　水

④ 電気火災に不適当な消火剤
　⇒ 泡消火剤，　棒状の水と強化液

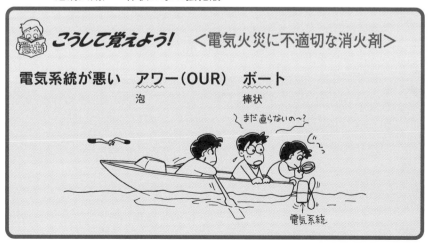

こうして覚えよう！　＜電気火災に不適切な消火剤＞

電気系統が悪い　アワー（OUR）　ボート
　　　　　　　　　泡　　　　　　　棒状

第2編

消火の基礎知識

試験によく出る問題と解説

【問題 53】

窒息消火に関する説明として，次のうち誤っているものはどれか。

(1) 二酸化炭素を放射して，燃焼物の周囲の酸素濃度を約 14.5～15 vol%以下にすると窒息消火する。

(2) 内部（自己）燃焼性のある物質に対しては，窒息効果はない。

(3) 燃焼物に注水した場合に発生する水蒸気は，窒息効果もある。

(4) 一般に不燃性ガスによる窒息消火は，そのガスが空気より重い方が効果的である。

(5) 水溶性液体が燃焼している場合に，注水して消火することがあるが，この主たる消火効果は窒息である。

(1)は，空気中の酸素濃度が約 15 vol%以下になると燃焼は停止するので正しい。(2)の内部（自己）燃焼性のある物質とは，自身に酸素が含まれている物質で，セルロイド（原料はニトロセルロース）などがあります。(5)の注水による主たる消火効果は**冷却**です。

【問題 54】

次の（　）内に入る語句として，正しいのはどれか。

「燃焼に必要な（　）を取り去ることによる消火方法を除去消火という」

(1) 火源　　　(2) 燃焼熱　　　(3) 酸素供給源

(4) 可燃物　　(5) 熱源

除去消火は可燃物を取り除いて消火することなので，(4)が正解です。

なお，(5)の熱源とは，(1)の火源のことで，点火源を除去しても消火はできません。（「点火源を除去する消火を除去消火という」は×）

解　答

解答は次ページの下欄にあります。

【問題 55】

　容器内で燃焼している動植物油類に注水すると危険な理由として，最も適切なものは次のうちどれか。

(1)　高温の油と水の混合物は，単独の油より引火点が低くなるから。

(2)　注水が空気を巻き込み，火災及び油面に酸素を供給するから。

(3)　油面をかき混ぜ，油の蒸発を容易にさせるから。

(4)　水が激しく沸騰し，燃えている油（高温の油）を飛散させるから。

(5)　高温の油と水が混合することにより，有毒ガスが発生するから。

解説

　動植物油類は水より軽い（比重が１より小さい）ので，注水すると水に浮いて広がり，火面（燃焼面）が拡大する危険性があります。

【問題 56】

　次の文の（　）内に入る語句として，正しいのはどれか。

　「水は，入手が容易な上，大きな（　A　）及び蒸発熱による（　B　）を有しているため，最も一般的に使用されている消火剤の一つである。」

	A	B
(1)	燃焼熱	除去効果
(2)	比熱	冷却効果
(3)	体膨張率	冷却効果
(4)	燃焼熱	抑制（負触媒）効果
(5)	比熱	窒息効果

解説

　水の消火効果が大きいのは，**比熱**が大きいことと**蒸発熱（気化熱）**が大きいからです。

　まず，①　比熱が大きいと，燃焼している物質の熱をたくさん取り除くことができるので，燃焼物の温度を下げることができ，また，②　蒸発熱（気化熱）が大きいと，（①で燃焼物の温度を下げた結果）温度が上昇した水が

解　答

沸点に達して水蒸気に気化する際，そこで更に多くの熱を燃焼物から奪うことができるからです。従って，(2)が正解です。

【問題57】

消火について，次のうち誤っているものはどれか。

(1)　燃焼の3要素のうち，1つの要素を取り除けば消火できる。

(2)　窒息消火による消火とは，酸素濃度を低下させて消火することである。

(3)　水は比熱および気化熱が大きいため，冷却効果が大きい。

(4)　セルロイドのように分子内に酸素を含有する物質は，窒息効果による消火が有効である。

(5)　二酸化炭素消火剤の主たる消火効果は窒息である。

　　セルロイドのように分子内に酸素を含有する物質に対して，酸素の供給を遮断することによる窒息消火は，自身の酸素によって燃焼が継続するので，不適切です(大量の水で冷却して分解温度以下にするなどして消火します)。

　　なお，同じような問題で，「化合物中に酸素を含有する酸化剤や有機過酸化物などは，空気を断って窒息消火するのが最も有効である。」という出題もありますが，答えは同じ×です。

【問題58】

消火方法と主な消火効果との組合せとして，次のうち正しいものはどれか。

(1)　栓を閉めてガスコンロの火を消した。……………………窒息効果

(2)　アルコールランプにふたをして火を消した。…………除去効果

(3)　燃焼している木材に注水して消火した。………………窒息効果

(4)　油火災に泡消火剤を放射して消火した。………………窒息効果

(5)　ろうそくの炎に息を吹きかけて火を消した。…………冷却効果

　　(1)は，ガスを除去するので**除去効果**。(2)は，ふたをすることにより酸素の

供給を遮断して消火するので**窒息効果**。(3)は，水による**冷却効果**で消火。

　(5)は，息を吹きかけて気化したロウを除去して消火するので，**除去効果**になります。

【問題 59】 でるぞ～

消火剤と消火効果について，次のうち誤っているものはどれか。

(1)　水消火剤は，大きな蒸発熱と比熱を有するので，冷却効果があり，木材，紙，布等の火災に適するが，油火災には適さない。

(2)　強化液消火剤は，冷却効果と燃焼を化学的に抑制する効果があるので，噴霧状で放射すると油火災にも適する。

(3)　二酸化炭素消火剤は，不燃性の液体で空気より重く，燃焼物を覆うので窒息効果があるが，狭い空間で使用した場合には人体に危険である。

(4)　泡消火剤は，泡によって燃焼物を覆うので，窒息効果があり，油火災に使用できるが，木材，紙，布等の火災には使用できない。

(5)　粉末消火剤は，無機化合物を粉末にしたもので，燃焼を化学的に抑制する効果がある。

解説

(1)　水消火剤は，たとえ霧状にしても油火災には適しません。なお，水消火剤には，その水蒸気によって酸素や可燃性蒸気を「希釈する」という効果もあります。

(2)　噴霧状（霧状）の強化液消火剤は，すべての火災に適応するので，油火災にも適応します。

(3)　二酸化炭素消火剤は窒息効果があるので，狭い空間で使用した場合には酸欠事故が発生する危険性があります。

(4)　一般の泡消火剤は，木材，紙，布等の普通火災にも使用できます。

【問題 60】

次の消火剤のうち，普通火災に不適応なものはいくつあるか。

A　ハロゲン化物消火剤

B　消火粉末（炭酸水素塩類等を主成分とするもの）

解　答

C　霧状の水

D　二酸化炭素消火剤

E　霧状の強化液

(1)　1つ　　　(2)　2つ　　　(3)　3つ　　　(4)　4つ　　　(5)　5つ

　普通火災に不適応なものは，ハロゲン化物消火剤，二酸化炭素消火剤，消火粉末(炭酸水素塩類＝炭酸水素ナトリウム等を主成分とするもの)なので，(3)の3つとなります。なお，Dの二酸化炭素消火剤ですが，粉末および泡消火剤のように機器等を汚損させることはなく，消火後の汚損が少ないというのが大きな特徴なので，覚えておいてください。

【問題61】

次の消火剤のうち，油火災に不適応なものはいくつあるか。

A　霧状の強化液　　　　B　二酸化炭素消火剤

C　霧状の水　　　　　　D　ハロゲン化物消化剤

E　棒状の強化液

(1)　1つ　　　(2)　2つ　　　(3)　3つ　　　(4)　4つ　　　(5)　5つ

　油火災に不適応な消火剤は，<u>老いる</u>といやがる<u>凶暴</u>　な　　　<u>水</u>　より，
　　　　　　　　　　　　　　オイル（油）　　　強化液（棒状）　水

⇒　強化液（棒状），水（棒状，霧状とも）なので，C，Eの2つが正解となります。

【問題62】

次の消火剤のうち，電気火災に適応しないものはいくつあるか。

A　霧状の水　　　　B　棒状の強化液

C　泡消火剤　　　　D　粉末（ABC）消火剤

E　棒状の水

(1)　1つ　　　(2)　2つ　　　(3)　3つ　　　(4)　4つ　　　(5)　5つ

電気火災に不適応な消火剤は，電気系統が悪い　<u>ア</u><u>ワー</u>（OUR）　<u>ボート</u>
　　　　　　　　　　　　　　　　　　　　　　　泡　　　　　　　　棒状

　より，⇒　泡消火剤，棒状の水，棒状の強化液，です。従って，B，C，E
の3つが正解です。なお，Dの粉末（ABC）消火剤は，りん酸塩を主成分と
する方の粉末消火剤で，すべての火災に適応する"万能"消火剤です。

第 2 編

消火の基礎知識

【問題 63】

　油火災と電気設備の火災のいずれにも適応する消火剤の組合せとして，次の
うち正しいものはどれか。
- (1)　泡，二酸化炭素，消火粉末
- (2)　泡，二酸化炭素，ハロゲン化物
- (3)　霧状の水，乾燥砂，ハロゲン化物
- (4)　二酸化炭素，ハロゲン化物，消火粉末
- (5)　霧状の水，消火粉末，泡

　P 182，2 の適応火災の表より，油火災と電気設備の火災のいずれにも適
応する消火剤は，霧状の水と強化液，ハロゲン化物，二酸化炭素，粉末消火
剤です。これから判断すればよいわけですが，もっと簡単に解答を導くには，
電気火災に不適切なのは，**泡と棒状の水，強化液**です。

　従って，泡を含む(1)，(2)，(5)は×。(3)の乾燥砂は普通火災，電気火災は×
なので，結局，残りの(4)が正解になります。

【問題64】

　消火器の泡に要求される一般的性質について，次のうち誤っているものはどれか。

(1)　油類より比重が小さいこと。

(2)　熱に対し安定性があること。

(3)　起泡性があること。

(4)　粘着性がないこと。

(5)　流動性があること。

　粘着性がなければ，泡がつぶれてしまうので，(4)が誤りです。

　なお，その他，「加水分解を起こさないこと。」などの性質も必要です。

ひと休み～!

解　答

【63】…(4)　　　　　　　　　　　　　　　　　【64】…(4)

第3編
危険物の性質，並びにその火災予防，及び消火の方法

傾向と対策　ここが出題される！

　最近の本試験の出題データをベースに，過去数年分のデータを加味して，その出題頻度をまとめると次のようになります（本書の目次の順に並べてあります）。

◎：よく出題されている項目を表しています。
○：比較的よく出題されている項目を表しています。

項　　　目	出　題　頻　度
1. 危険物の分類	
◎危険物の分類	よく出題されている
2. 第4類危険物に共通する事	
○共通する性質	比較的よく出題されている
○共通する火災予防	比較的よく出題されている
○共通する消火方法	比較的よく出題されている
3. 特殊引火物	
△特殊引火物	たまに出題される
4. 第1石油類	
◎ガソリン	よく出題されている
○その他（アセトンなど）	比較的よく出題されている
5. アルコール類	
△アルコール類	たまに出題される
6. 第2石油類	
◎灯油と軽油	よく出題されている
△その他	たまに出題される
7. 第3石油類	
◎第3石油類	よく出題されている
8. 第4石油類	

△第4石油類	たまに出題される
⑨. 動植物油類	
△動植物油類	たまに出題される
⑩. 事故事例	
○事故事例	比較的よく出題されている
⑪. 引火点などの大小	
○引火点などの大小	比較的よく出題されている

以上のデータを，多く出題されている項目から順に並べると，次のようになります。

第3編

傾向と対策・ここが出題される！

(1)　**よく出題されているグループ**
- ・危険物の分類
- ・ガソリン
- ・灯油と軽油
- ・第3石油類

(2)　**比較的よく出題されているグループ**
- ・第4類危険物に共通する事項
  - ①　共通する性質
  - ②　共通する火災予防
  - ③　共通する消火方法
- ・第1石油類のその他（アセトンなど）
- ・事故事例
- ・引火点などの大小

(3)　**たまに出題されているグループ**
- ・特殊引火物
- ・アルコール類
- ・第2石油類のその他
- ・第4石油類
- ・動植物油類

　この性質に関する分野は，毎回のように出題されている項目が多いので，ポイントはしぼりやすいと思います。

(1)　よく出題されているグループについて

　第1類から第6類の危険物までの**各類の性質**については，必須と言っていいくらい毎回のように出題されています。従って，各類の性状（**固体か液体か，あるいは燃焼性か不燃性か**）や**各類の性質**をよく把握しておく必要があります。

　第1石油類の**ガソリン**については，ほぼ毎回出題されており，次の灯油と軽油とともに，その**引火点**と**発火点**はぜひ覚えておく必要があります。またガソリンの場合は，**燃焼範囲**の数値もよく出題されるので，これも覚えておく必要があります。

　その**灯油と軽油**ですが，灯油か軽油のどちらかが出題されるか，あるいは，「灯油と軽油に共通する性状」として出題されることがあるので，両者に共通する性質あるいは固有の性質（引火点や液体の色など）について把握しておく必要があります。

　第3石油類については，ズバリ，**重油**が最重要です。従って，その性状をよく把握するとともに，**グリセリンやクレオソート油**もたまに出題されているので，こちらの方も，その特徴的な性状（比重など）などを把握しておいた方がベストです。

(2)　比較的よく出題されているグループについて

　「第4類危険物に共通する性質」については，ほぼ公式化しているので，それを覚えておけば解ける問題がほとんどです。特に，**液比重**や**蒸気比重**に関する問題が多いので（「蒸気は<u>高所に滞留する</u>…×」など），これらに注意しておく必要があります。

　「共通する消火方法」については，「消火の方法」と「消火器」の2問が同じ試験で出題されるケースが結構あり，それに加えて，**水溶性液体用泡消火剤**に関する問題が毎回のように出題されているので，この消火の分野は(1)のグループと同様か，あるいはそれ以上の注意を払う必要があります。

　「第1石油類のその他」では，**アセトン**に関する出題が結構見られます。

　事故事例に関しては，色んなパターンがあるので的がしぼりにくいかもしれませんが，「第4類危険物に共通する火災予防，及び取り扱い上の注意」と重なる部分があるので，こちらの方の知識をよく整理しておけば，さほど

困難ではないでしょう。

　引火点などの大小については，場合によっては次の(3)のグループに入っていてもいいくらいの出題頻度ですが，おおよそ特殊引火物⇒　第1石油類⇒　アルコール類⇒　第2石油類⇒　第3石油類⇒　第4石油類⇒　動植物油類の順に引火点が高くなることを頭に入れておけば，解ける程度の問題がほとんどです。

(3)　**たまに出題されるグループについて**

　特殊引火物については，二硫化炭素についての出題が多いですが，特殊引火物としての出題も時々あります。

　アルコール類については，最近の傾向として，かつてのような出題頻度は見られないようですが，それでもやはり**メタノールとエタノールの共通する性質と異なる部分**は把握しておく必要はあるでしょう（たまに，**イソプロピルアルコール**についての出題が見られます）。

　「第2石油類のその他」では，クロロベンゼン（ごくまれに酢酸）に関する出題がたまに見られます。

　第4石油類については，はっきり言って出題頻度はかなり低いですが，仮に出題された場合は，ギヤー油などの個々の品名で出題されるケースはあまりなく，第4石油類としての性質を問う問題がほとんどです。

　動植物油類については，自然発火を起こす**乾性油**についての出題がたまにあります。

　以上が，おおよその出題傾向ですが，これらの重要ポイントをよく把握して，「どこを重点的に学習すればよいか」ということを意識しながら，次ページ以降の問題にチャレンジしていけば，より学習効率が"グン"とアップするはずです。

第3編

傾向と対策・ここが出題される！

乙4すっきり重要事項　NO.23

危険物の分類

表　危険物の分類

	性質	状態	燃焼性	特　性
1 類	酸化性固体 （火薬など）	固体	不燃性	①　そのもの自体は**燃えない**が，酸素を多量に含んでいて，**他の物質を酸化させる性質**がある。 ②　可燃物や有機物と混合すると，加熱，衝撃，摩擦などにより，（その酸素を放出して）**爆発**する危険がある。
2 類	可燃性固体 （マッチなど）	固体	可燃性	①　**着火**，または**引火**しやすい。 ②　燃焼が**速く**，消火が困難。
3 類	自然発火性 及び 禁水性物質 （発煙剤など）	液体 または 固体	可燃性 （一部不燃性）	①　自然発火性物質 ⇒　空気にさらされると**自然発火**する危険性があるもの。 ②　禁水性物質 ⇒　水に触れると**発火**，または**可燃性ガスを発生**するもの。
4 類	引火性液体	液体	可燃性	引火性のある液体
5 類	自己反応性物質（爆薬など）	液体 または 固体	可燃性	酸素を含み，加熱や衝撃などで自己反応を起こすと，発熱または**爆発的**に燃焼する。
6 類	酸化性液体 （ロケット燃料など）	液体	不燃性	そのもの自体は**燃えない**が，酸化力が強いので， ①　他の可燃物の燃焼を促進させる。 ②　可燃物や有機物と混ざると発火する恐れがある。

こうして覚えよう!

① **各類の性質**　　　（４類は省略）

（危険物の分類をしていた）

<table>
<tr><td colspan="2">**さいこうの過**</td><td colspan="2">**去の**</td><td colspan="2">**時　期,**</td><td>**事故**</td><td colspan="2">**さ　え**</td><td>**無かった**</td></tr>
<tr><td>酸化性</td><td>固体</td><td>可燃性</td><td>固体</td><td>自然</td><td>禁水性</td><td>自己</td><td>酸化性</td><td>液体</td><td></td></tr>
</table>

　　　　１類　　　　２類　　　　３類　　５類　　　６類

１類⇒酸化性固体
２類⇒可燃性固体
３類⇒自然発火性および禁水性物質
４類⇒引火性液体
５類⇒自己反応性物質
６類⇒酸化性液体

② **各類の状態**

固体のみは１類と２類,
液体のみは４類と６類
⇒（危険物の本を読んでいたら）

固いひと　　に
固体　１類　２類

駅で　無　視された
液体　　　６類　４類

③ **不燃性のもの**

燃えないイチ　ロー
　　　　　１類　　６類

第３編

危険物の分類

試験によく出る問題と解説

危険物の分類

【問題1】 でるぞ〜

危険物の類ごとに共通する性質について，次のうち誤っているものはどれか。

(1) 第1類の危険物は，酸素を物質に含有しており，加熱，衝撃，摩擦等により酸素を放出するおそれがある。

(2) 第2類の危険物は，酸化剤と接触または混合すると，より発火，爆発するおそれがある。

(3) 第3類の危険物は，多くが自然発火性と禁水性の両方の危険性を有する。

(4) 第5類の危険物は，燃焼速度が大きく，燃焼時に衝撃波を伴うことがある。

(5) 第6類の危険物は，有機物を混ぜると，これを還元させ，自らは酸化する。

解説

(1)〜(4)はP196の表より，正しい。

しかし，(5)は，酸化性物質，すなわち，相手を酸化させるので，有機物を混ぜると，これを「酸化させ」となり，また，自分の酸素を相手に与えるので，P153，1の(2)より，「酸素を失う」⇒自らは「**還元**」されます。

【問題2】 でるぞ〜

第1類から第6類の危険物の性状について，次のうち正しいものはどれか。

(1) 危険物には常温（20℃）において，気体，液体及び固体のものがある。

(2) 不燃性の液体及び固体で，他の燃焼を助けるものがある。

(3) 液体の危険物の比重は1より小さいが，固体の危険物の比重はすべて1より大きい。

(4) 保護液として，水，二酸化炭素及びメチルアルコールを使用するものが

解答

解答は次ページの下欄にあります。

ある。

(5) 同一の類の危険物に対する適応消火剤及び消火方法は同じである。

(1) 常温において気体の危険物というのはありません。

(2) 不燃性の固体は第1類の酸化性固体で，不燃性の液体は第6類の酸化性液体で，いずれも他の物質の燃焼を助けるので，よって正しい。

(3) 液体の危険物でも比重が1より大きい**二硫化炭素**や**グリセリン**などがあり，また固体の危険物でも比重が1より小さいカリウムや固形アルコールなどがあるので誤りです。

(4) このような危険物はありません。

(5) 同一の類の危険物でも，適応する消火剤及び消火方法が異なる場合もあります（例：第4類の水溶性と非水溶性の危険物では，泡消火剤の種類が異なる）。

【問題3】

危険物の類ごとに共通する性状として，次のうち正しいものはどれか。

(1) 第1類の危険物は酸化性の液体である。

(2) 第2類の危険物は自然発火性の固体である。

(3) 第3類の危険物は引火性の固体である。

(4) 第5類の危険物は自己反応性の液体である。

(5) 第6類の危険物は酸化性の液体である。

(1) 第1類の危険物は酸化性の<u>固体</u>です。

(2) 第2類の危険物は<u>可燃性</u>の固体です。

(3) 第3類の危険物は<u>自然発火性及び禁水性</u>の物質です（液体と固体がある）。

(4) 第5類の危険物は自己反応性の物質ですが，液体だけではなく<u>固体</u>もあります。

── 解　答 ──────────────────────────

【1】…(5)

<類題>

次の性状を有する危険物の類別として，正しいものは次のうちどれか。

「この類の危険物は，いずれも可燃性であり，また，多くは分子中に酸素を含んでいる。加熱，衝撃，摩擦等により発火，爆発のおそれがある。」

(1) 第1類の危険物

(2) 第2類の危険物

(3) 第3類の危険物

(4) 第5類の危険物

(5) 第6類の危険物

 解説

　まず，分子中に酸素を含んでいるのは，第1類，第5類，第6類ですが，第1類，第6類は「加熱，衝撃，摩擦等により発火，爆発のおそれがある」という性質はありません（可燃物がなければ発火，爆発はしないので）。

　従って，分子中に酸素を含み，加熱，衝撃，摩擦等により発火，爆発のおそれがあるのは，第5類危険物ということになります。

【問題4】 でるぞ〜

危険物の性状について，次のうち誤っているものはどれか。

(1) 分子内に酸素を含んでいるので，他から酸素の供給がなくても燃焼をする物質がある。

(2) 同一の物質であっても，形状および粒度によって，危険物になるものとならないものがある。

(3) 危険物には，単体と化合物，及び混合物の3種類がある。

(4) 自己反応性の危険物は，物質内に酸素を含んでいるので，他の物質の燃焼を助ける作用がある。

(5) 他の物質の燃焼を助ける作用はあるが，自身は燃えないものもある。

 解説

(1) 「分子内に酸素を含んでいる」より，第5類の自己反応性物質であることがわかります。従って，他から酸素の供給がなくても燃焼するので正し

い。

(2)　同一の物質であっても，形状（粒度など）や濃度等によって危険物にならないものがあるので正しい。

(3)　正しい。

(4)　これも(1)と同じく第5類の自己反応性物質です。自己反応性物質は可燃性ではありますが，他の物質の燃焼を助ける作用，すなわち，**酸化性はない**ので誤りです。

(5)　「他の物質の燃焼を助ける作用」は酸化性で，「自身は燃えない」は不燃性の性質なので，1類または6類の危険物であり，正しい。

解　答

＜類題＞…(4)　　　　　　　　　　　【4】…(4)

2 第4類の危険物に共通する特性

まずは，第4類の危険物に共通する特性を次のようにして覚えよう。

 こうして覚えよう！　暗記大作戦
（注）　本書で取りあげた危険物のみです。

① ＜常温（20℃）で引火の危険性がないもの＞
　　第2石油類以降（第2石油類，第3石油類，第4石油類，動植物油類）
⇒　逆にいうと，「特殊引火物と第1石油類及びアルコール類」は常温
　で引火する危険性があります。

② ＜水に溶けるもの（水溶性のもの）＞
　　アルコール，アセトアルデヒド，アセトン，エーテル（少溶），エチ
レングリコール，酢酸，酸化プロピレン，グリセリン，ピリジン

ア！	エ	サ！	と	グッ	ピー	が	言いました
アの付くもの	エの付くもの	酸の付くもの		グリセリン	ピリジン		

エサを早く
ちょうだい！

エッサ
エッサ

③ ＜水より重いもの（比重が1より大きいもの）＞
　　二硫化炭素，ニトロベンゼン，クレオソート油，酢酸，グリセリン

水に　沈んだ
　　　水より重い
ニン　　ニ　　ク
二硫化炭素　ニトロ　クレオソート
さ　　ぐる
酢酸　グリセリン

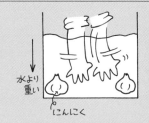

水より
重い

にんにく

④　**＜液体に色が付いたもの（無色透明でないもの）＞**

液体に色がついているもの
ガソリン（ただし自動車用→オレンジ）
灯油（無色または淡（紫）黄色）
軽油（淡黄色または淡褐色）
重油（褐色または暗褐色）
クレオソート油

1．第4類危険物に共通する性質

① 常温で液体である。

② 引火しやすい（沸点が低いものほど，より引火しやすく危険です）

③ 一般に水より軽く（液比重が1より小さい），水に溶けないものが多い。

④ 蒸気は空気より重く（蒸気比重が1より大きい）低所に滞留しやすい。

⑤ 一般に静電気が発生しやすい。

⑥ 一般に自然発火はしないが，動植物油の乾性油は自然発火する。

2．共通する火災予防および取り扱い上の注意

① 火気や加熱などをさける。

② 容器は空間容積を確保して密栓をし，直射日光を避け冷所に貯蔵する。

③ 通風や換気を十分に行い，発生した蒸気は屋外の高所に排出する。

④ 可燃性蒸気が滞留するおそれのある場所では，火花を発生する機械器具
などを使用せず，また電気設備は防爆性能のあるものを使用する。

⑤ 静電気が発生するおそれのある場合は，次のような対策をとる。

　・流速を遅くする。

　・床面に散水するなどして湿度を高くする。

　・導電性の高いものを使用する（絶縁性の高いものは×です！）

　・接地（アース）をして静電気を除去する（大地へ逃がす）

3．共通する消火の方法

① 4類の消火に効果的な消火剤（主に窒息，および抑制効果）

　・泡消火剤　　　　　・二酸化炭素消火剤

　・霧状の強化液　　　・粉末消火剤

　・ハロゲン化物消火剤

② 4類の消火に不適当な消火剤

　・棒状，霧状の水

　・棒状　　　　の強化液

　⇒　4類の火災（油火災）に水を用いると，油が水に浮き燃焼面積を拡
大する恐れがあるため。

試験によく出る問題と解説

第4類に共通する性質

【問題5】

第4類の危険物について，次のA～Dのうち，正しいものはどれか。

A　すべて酸素を含有している化合物である。

B　すべて常温（20℃）以上に温めると水溶性になる。

C　すべて可燃物であり，常温（20℃）では，ほとんどのものが液状である。

D　すべて液比重は1より小さい。

(1)　A　　　(2)　B　　　(3)　C　　　(4)　B，D　　　(5)　C，D

A　二硫化炭素（CS_2）などのように酸素を含まないものもあり，また，第4類危険物は化合物（アルコール類など）だけではなく，ガソリンや灯油などの混合物もあります。

B　たとえば，重油は非水溶性（水に溶けない）ですが，常温（20℃）以上に温めたからといって水には溶けません（水溶性にはならない）。従って，誤りです。

C　第4類危険物は引火性の液体で可燃物であり，常温（20℃）では，液状なので正しい。

D　液比重が1より大きい，すなわち，水より重いもの（二硫化炭素やグリセリンなど）もあるので誤りです。

【問題6】

乙種第4類危険物取扱者が取り扱うことができる危険物に共通する性状について，次のうち正しいものはどれか。

(1)　常温（20℃）以下では可燃性蒸気は発生しない。

(2)　無色無臭である。

(3)　蒸気比重は1より大きいので，可燃性蒸気は低所に滞留しやすく，また，遠くまで流れる。

解　答

解答は次ページの下欄にあります。

⑷　発火点は 100℃ より高い。

⑸　水に溶けやすいものが多い。

　乙種第4類危険物取扱者が取り扱うことができる危険物とは，当然，第4
類危険物のことですが，設問を順に検討すると

⑴　たとえば，ガソリンの引火点は－40℃ ですが，引火点が－40℃ という
　ことは，－40℃ で液面上に引火が可能な可燃性蒸気が発生している，と
　いうことになります。従って，常温（20℃）以下でも可燃性蒸気が発生し
　ているガソリンなどのような危険物もあるので誤りです。

⑵　色については，ガソリン，灯油，軽油，重油，などに色がついているの
　で誤りです。また，臭気については，たとえば石油類には特有の石油臭が
　あるので，これも誤りです。

⑷　二硫化炭素（特殊引火物）の発火点は 90℃ であり，100℃ より低いも
　のもあるので誤りです。

⑸　第4類危険物は，水に溶けにくいものが多いので誤りです。

【問題7】

第4類の危険物の一般的性状について，次のうち誤っているものはどれか。

A　可燃性蒸気の発生を抑制するため，液面に水を張って貯蔵する危険物が
　ある。

B　燃焼下限界および燃焼上限界は物質によって異なり，燃焼下限界の低い
　ものほど，また，その範囲が狭いものほど，火災や爆発の危険性が大きい。

C　水溶性のものは，水で薄めると引火点が低くなる。

D　液温が高くなるほど，可燃性蒸気の発生量は多くなる。

E　一般に，導電率が低い電気の不良導体なので，静電気が蓄積されやすく，
　静電気の火花放電によって引火することがある。

　⑴　A, C　　⑵　B, C　　⑶　B, E　　⑷　C, D　　⑸　D, E

　A　二硫化炭素が該当します。

解　答

【5】…⑶

B　燃焼下限界および燃焼上限界については，燃焼下限界の**低い**ものほど，より低い温度まで引火する危険性があるので，その点は正しい。

　しかし，その範囲，すなわち，燃焼範囲については，**広い**ものほど，より低い温度から高い温度まで引火する危険性があるので，「狭いものほど」が誤りです。

C　水溶性のものを水で薄めると，蒸気圧は小さくなります。従って，その分，加熱によって蒸気圧を上げなければならないので，引火点は高くなります。

【問題8】

次の A～C の性状をすべて有する危険物はどれか。

A　引火点は 0℃ 以下である。

B　水より軽い。

C　水によく溶ける。

(1)　アセトアルデヒド

(2)　ベンゼン

(3)　二硫化炭素

(4)　酢酸

(5)　トルエン

 解説

　まず，A の引火点は 0℃ 以下なので，P 23 の表より，特殊引火物か第1石油類が該当し，第2石油類である(4)の酢酸は外れます。

　次に，B の水より軽いということなので，P 202 の「③水より重いもの」より，(3)の二硫化炭素は外れます。

　最後の C，水によく溶けるですが，P 202 の「②水に溶けるもの」に含まれるのは(1)のアセトアルデヒドしかないので，これが正解になります。

共通する火災予防および取り扱い上の注意

【問題9】

第4類の危険物の貯蔵，取扱い方法について，次のうち誤っているものはどれか。

(1) 火気，加熱を避け，みだりに蒸気を発生させない。

(2) 容器は密封して，冷所に貯蔵する。

(3) 室内で取り扱うときに発生した蒸気は，低所より高所に滞留しやすいので留意する。

(4) 流動その他により，静電気が発生するおそれがある場合は，接地して静電気を除去する。

(5) 多くのものは水に溶けず，水より軽いので，注水消火は不適切である。

第4類危険物の蒸気は空気より重いので（⇒P 204，1の④），<u>低所に滞留</u>しやすくなります。

【問題10】

第4類の危険物の貯蔵，取扱いの方法として，次のA〜Eのうち，正しいものを組み合わせたものはどれか。

A 引火点の低いものを屋内で取り扱う場合には，十分な換気を行う。

B 屋内の可燃性蒸気が滞留する恐れのある場所では，その蒸気を屋外の地表に近い部分に排出する。

C 容器に収納して貯蔵するときは，容器に通気孔を設け，圧力が高くならないようにする。

D 可燃性蒸気が滞留する恐れのある場所の電気設備は，防爆構造のものを使用する。

E 洗浄のため水蒸気を危険物の貯蔵タンク内に噴出させるときは，静電気の発生を防止するため，高圧で短時間に行う。

(1) AとB

(2) AとC

(3) AとD

──────────
解 答
──────────
【8】…(1)

⑷　ＢとＣ

⑸　ＣとＤ

A　引火点の低いものほど沸点も低く，揮発性が高いので，可燃性蒸気が滞留しないよう，十分な換気を行う必要があります（正しい）。

B　前問の解説より，第４類危険物の蒸気は空気より重く，低所に滞留しやすいので，屋外の**高所**に排出します（誤り）。

C　第４類危険物の容器は**密栓（密封）**します（誤り）。

D　正しい。

E　高圧で短時間に行うと，静電気が発生しやすくなるので（P 135，1の⑤より，接触圧力が高いほど発生しやすい），低圧で行います（誤り）。

【問題11】

第４類の危険物の貯蔵，取扱い方法について，次のうち正しいものはどれか。

⑴　液体の比重の大きな物質ほど蒸気密度が小さくなるので，危険性は大である。

⑵　静電気が蓄積しやすいので，絶縁性の高い化学繊維製のものを着用して作業する。

⑶　蒸気は空気より軽いので，換気口は室内の上部に設ける。

⑷　容器に詰め替える際などに万一流出した時は多量の水で希釈する。

⑸　換気をして，発生する蒸気を燃焼下限界の1／4以下とする。

⑴　液体の比重と危険性は関係ありません。

　　たとえば，特殊引火物のジエチルエーテルの比重は0.7で引火点は－45℃。第３石油類のグリセリンの比重は1.3で引火点は177℃。グリセリンの方が比重が大きいですが，引火の危険性はジエチルエーテルより低くなります。

⑵　化学繊維製のものほど静電気が発生しやすくなります。

⑶　蒸気は空気より**重く低所に滞留**しやすいので，換気口は室内の**下部**に設

解　答

【9】…⑶

けます。

(4) 水で希釈する（薄める）のは厳禁です。

(5) 発生する蒸気を燃焼下限界の1／4以下まで薄めれば，引火するおそれのある可燃性蒸気ではなくなるので，正しい。

共通する消火の方法

【問題12】

第4類の危険物の火災に対する消火効果について，次のうち誤っているのはどれか。

(1) 粉末消火剤は効果的である。

(2) 乾燥砂は小規模の火災に効果がある。

(3) 泡消火剤は効果的である。

(4) 水溶性危険物には，棒状に放射する強化液消火剤は効果的である。

(5) 二酸化炭素消火剤，ハロゲン化物消火剤は効果的である。

第4類危険物の火災に効果的な消火剤は，「泡消火剤，二酸化炭素消火剤，霧状の強化液，粉末消火剤，ハロゲン化物消火剤」です。逆に言うと，第4類危険物の火災，つまり，油火災に不適応な消火剤は，P182の2，適応火災と消火効果より，**水**と**棒状に放射する強化液消火剤**です。従って，(4)が誤りです。

なお，本問は，「第4類危険物の火災」として出題されていますが，たとえば，「**ベンゼンやトルエン**（または**ガソリンや灯油**）の火災に使用する消火器のうち，適切でないのは次のうちどれか。」として出題される場合もあるので，その場合も「第4類危険物の火災に適切でない消火器（消火剤）⇒ **水と棒状に放射する強化液消火剤**」というように答えを導くようにしてください（ベンゼンやトルエンなどという具体名に惑わされないように）。

＜類題＞

次の文のA，Bに当てはまる語句を答えよ。

「第4類危険物の火災に適応する消火剤に求められるのは，燃焼反応を化学的

に（A）する効果と，空気（酸素）の供給を遮断する（B）効果である。」

【問題 13】

アセトン，エタノールなどの火災に水溶性液体用泡消火剤以外の一般的な泡消火剤を使用した場合は効果的でない。その理由として，次のうち正しいものはどれか。

(1) 泡が重いため沈むから。

(2) 泡が燃えるから。

(3) 泡が乾いて飛ぶから。

(4) 泡が固まるから。

(5) 泡が消えるから。

アセトンやアルコールなどの水溶性危険物（水に溶けるもの）に一般的な泡消火剤を使用すると，その泡が溶かされて（破壊されて）消えてしまい，泡による窒息効果が得られないので，水溶性液体用泡消火剤（特殊泡または耐アルコール泡ともいう）を用います。

【問題 14】

舗装面または舗装道路に漏れたガソリンの火災に噴霧注水を行うことは，不適応な消火方法とされている。次の A～E のうち，その主な理由に当たるものの組合わせは，次のうちどれか。

A　ガソリンが水に浮き，燃焼面積を拡大させるため。

B　水が沸騰し，ガソリンを飛散させるため。

C　水滴がガソリンをかき乱し，燃焼を激しくするため。

D　水滴の衝撃でガソリンをはね飛ばすため。

E　水が側溝等を伝わりガソリンを遠方まで押し流すため。

(1)　A と B　　　(2)　A と E

(3)　B と C　　　(4)　C と E

(5)　D と E

解　答

【12】…(4)　　　　　　　　＜類題＞…A：抑制　B：窒息

ガソリンの火災に噴霧注水が不適切なのは，AとEなどの理由からです。

【問題15】

　次のA～Eの危険物が火災となった場合に使用する泡消火剤として，一般の泡消火剤では適切でない組合せはどれか。

　A　キシレン，ガソリン
　B　酢酸，アセトン
　C　クロロベンゼン，シリンダー油
　D　エタノール，アクリル酸
　E　プロピオン酸，ジェット燃料油

　⑴　AとB　　　⑵　AとE
　⑶　BとD　　　⑷　BとE
　⑸　CとE

　　本問を言いかえると，「一般の泡消火剤が不適切な組合せはどれか。」であり，同じ意味で「水溶性液体用の泡消火剤でなければ消火できない組合せはどれか」という文章で出題される場合もありますが，答は同じです。

　　さて，その水溶性液体用の泡消火剤でなければ効果的に消火できないものは，**水溶性の危険物**なので，B，Dが該当します。

　　なお，Eのプロピオン酸は酢酸と同じ水溶性の第2石油類ですが，ジェット燃料油は非水溶性なので，×になります。

解　答

特殊引火物

乙4すっきり重要事項　NO.25

特殊引火物とは,
- 1気圧において　○　発火点が100℃ 以下のもの
  - または
  - ○　引火点が−20℃ 以下で沸点が40℃ 以下のもの

をいいます。

	ジエチルエーテル	二硫化炭素	アセトアルデヒド	酸化プロピレン
引火点（℃）	−45	−30 以下	−39	−37
発火点（℃）	160	90	175	449
比重	0.71	1.30	0.80	0.80
沸点（℃）	35	46	21	35
燃焼範囲「vol%」	1.9〜36.0	1.0〜50	4.0〜60.0	2.8〜37

1．ジエチルエーテル

〈性　質〉① 特有の甘い刺激臭（芳香）があります。
② 蒸気には麻酔作用があります。
③ 泡消火剤は水溶性液体用泡消火剤を使用する。

〈危険性〉① 引火点が第4類の中で最も低い（−45℃）ので非常に引火しやすい。
② 空気と長く接触すると爆発性の過酸化物を生じ,それに加熱や衝撃が加わると爆発する危険性があります。

2．二硫化炭素

〈性　質〉① 発火点が第4類の中で最も低い（90℃）。
② 水より重く（比重＝1.26）,蒸気は有毒。

〈危険性〉① 燃焼すると有毒な二酸化硫黄（亜硫酸ガス）を発生します。
② 可燃性蒸気の発生を防ぐため,液面に水を張る水中貯蔵をします（⇒水に溶けず,水より重い性質を利用）。

3．アセトアルデヒド

1．水に溶け，アルコール，エーテルにも溶ける。
2．酸化すると，酢酸になる（$2\,CH_3CHO + O_2 \rightarrow 2\,CH_3COOH$）。
3．熱または光により分解して，**メタンと一酸化炭素**になる。
4．空気と接触し加圧すると，**爆発性の過酸化物**をつくることがある。
5．泡消火剤は水溶性液体用泡消火剤（**耐アルコール泡**）を使用する。

4．酸化プロピレン

1．水に溶け，アルコール，エーテルにも溶ける。
2．酸やアルカリ，鉄などと接触すると**重合反応**を起こし，発熱して発火する。
3．泡消火剤は水溶性液体用泡消火剤（**耐アルコール泡**）を使用する。

試験によく出る問題と解説

【問題16】

　特殊引火物の性状について，次のうち誤っているものはどれか。
(1)　アセトアルデヒドは，沸点が低く非常に揮発しやすい。
(2)　ジエチルエーテルは，特有の臭気があり，燃焼範囲は広い。
(3)　二硫化炭素は，無臭の液体で水に溶けやすく，かつ，水より軽い。
(4)　酸化プロピレンは，重合反応を起こし大量の熱を発生する。
(5)　二硫化炭素の発火点は，100℃ 以下である。

(1)　特殊引火物の沸点は，第4類危険物の中でも最も低い部類に入ります
　　が，アセトアルデヒドの沸点はその中でも極めて低く（20℃），非常に揮
　　発しやすいので，正しい（巻末のデータ一覧表参照）。
(2)　ジエチルエーテルの燃焼範囲は，1.9〜36.0 vol%と広いので正しい。
(3)　二硫化炭素には，不快臭（刺激臭）があり，また，水に溶けにくく，か
　　つ，水より重いので，すべて誤りです。

| 解　答 |
解答は次ページの下欄にあります。

(4) 正しい。なお，重合反応というのは，物質が結合して大きい分子量の物質になる反応のことをいいます。

(5) 二硫化炭素の発火点は，90℃ と第4類の中で最も低く，水の沸点（100℃）より低い温度でも点火源なしで発火するので，非常に危険です。

【問題 17】

特殊引火物の性質について，次のうち誤っているのはどれか。

(1) 比重が1より大きいものもある。

(2) 沸点が低く，常温（20℃）に近いものもある。

(3) 燃焼範囲が広いので危険性が高い。

(4) 発火点は，すべて 100℃ 以上である。

(5) 引火点が，第1石油類であるガソリンより高いものもある。

 解説

(1) 二硫化炭素の比重は 1.30 と1より大きいので，正しい。

(2) 同じく，アセトアルデヒドの沸点は21℃ なので正しい。

(4) これも同じく二硫化炭素ですが，発火点が90℃ と 100℃ 以下なので誤りです。

(5) ガソリンの引火点は −40℃ ですが，たとえば二硫化炭素の引火点は −30℃ なので，ガソリンよりも高く，正しい。

【問題 18】

アセトアルデヒドの性状について，次のうち誤っているものはどれか。

(1) 引火点が非常に低い，無色透明の液体である。

(2) 水，エタノールに溶けない。

(3) 酸化すると酢酸になる。

(4) 熱，光により分解し，メタン，一酸化炭素を発生する。

(5) 空気と接触し加圧すると，爆発性の過酸化物を生成することがある。

 解説

アセトアルデヒドは，水にもエタノールにも溶けます。なお，(3)ですが，

特殊引火物

第3編

アセトアルデヒドはエタノールを酸化すると生成されます。

　つまり，エタノール（酸化）⇒アセトアルデヒド（酸化）⇒酢酸，となります。

【問題19】

　ジエチルエーテルの貯蔵または取扱いに関する注意事項とその理由の組合わせとして，次のうち適切なものはどれか。

	注意事項	理由
(1)	水中に保存する。	空気中で自然発火するから。
(2)	貯蔵する容器は金属製以外のものを使用する。	金属と反応して発火または爆発するおそれがあるから。
(3)	空気と触れないよう密閉容器に入れ冷暗所に貯蔵する。	過酸化物が生成し，爆発するおそれがあるから。
(4)	容器への詰め替えは流速を速くする。	静電気が発生しにくいから。
(5)	室内で取り扱う場合は，特に高所の換気を十分に行う。	発生する蒸気は空気より軽いので，高所に滞留するから。

　ジエチルエーテルは**日光**にさらされたり，**空気**と長く接触すると，**爆発性の過酸化物**が生じ，加熱や衝撃などにより爆発する危険性があるので，容器に**かっ色のビン**を用いたり，運搬時に**覆い（シートなど）**を用いて日光を遮断します。

＜類題＞

ジエチルエーテルについて，次のうち誤っているのはどれか。

(1) 揮発性の強い無色透明の液体である。

(2) 水より軽い（液比重が1より小さい）。

(3) 発火点はきわめて低いが引火点はそうではない。

(4)　水にはわずかしか溶けないが，アルコールにはよく溶ける。

(5)　蒸気は空気より重く，麻酔性がある。

　ジエチルエーテルの引火点（－45℃）と発火点（約160℃）は，第4類危険物の中では最も低い部類に入るので，(3)が誤りです。

　なお，**ジエチルエーテルは第4類危険物の中で最も引火点が低い**，というのがその大きな特徴となっています。

　ジエチルエーテル⇒　**引火点が第4類の中で最も低い**

第3編

特殊引火物

【問題20】でるぞ～

　二硫化炭素の性状について，次の文の下線部分 A~F のうち，誤っている個所のみを掲げているものはどれか。

　「二硫化炭素は，(A) 無色の揮発性液体で，点火すると，(B) 赤色の炎をあげて燃え，(C) 二酸化炭素と二酸化硫黄（亜硫酸ガス）を発生する。燃焼範囲は，(D) おおむね12~60〔vol%〕で，発生する蒸気は有毒で，空気より (E) 軽く，高所に滞留し，爆発性の混合ガスを作る。また，流動やろ過などの際に帯電し，放電火花により (F) 引火または爆発する ことがある。」

(1)　A，B，D

(2)　B，E，F

(3)　A，C，F

(4)　B，D，E

(5)　C，D，E

　(B) は**青色**の炎，(D) の燃焼範囲は，おおむね**1.3~50**〔vol%〕で，(E) の発生する蒸気は空気より**重く**，**低所**に滞留します。

　なお，二硫化炭素のもう一つの重要ポイントは，二硫化炭素の液面に水を張って蒸発しないようにする**水中貯蔵**で，二硫化炭素が**水より重く，水に溶けない**という性質を利用した貯蔵方法です。

4 第1石油類

乙4すっきり重要事項　NO.26

・1気圧において**引火点が21℃未満**のものを第1石油類といいます。

	ガソリン	ベンゼン	トルエン	アセトン
引火点℃	**－40 以下**	－10	5	－20
発火点℃	**約300**	498	480	465
比重	0.65～0.75	0.88	0.87	0.80
沸点℃	40～220	80	111	57
燃焼範囲 vol%	**1.4～7.6**	1.3～7.1	1.2～7.1	2.15～13.0
水溶性	×（非水溶性）	×	×	○（水溶性）

＜非水溶性＞ ---

1. ガソリン

〈性　質〉　① 炭素数が4～10の炭化水素の混合物です。

　　　　　② 無色ですが自動車用ガソリンはオレンジ色に着色されています。

　　　　　③ 引火点が－40℃以下と，きわめて低い温度でも引火します。

〈危険性〉　沸点が低く揮発しやすいので，引火しやすい。

 こうして覚えよう！　＜ガソリンの特性値＞

ガソリンさんは	**始終**	**石になろうとしていた**
30 (0)	(-)40	1.4～7.6
（発火点）	（引火点）	（燃焼範囲）

---

2. ベンゼン（ベンゾール）とトルエン（トルオール）

① ともに芳香臭のある無色透明の液体です。

② ともに**水には溶けません**が，アルコール等の**有機溶剤**にはよく溶けます。

③ ともに蒸気は有毒ですが，毒性はベンゼンの方が強い。

試験によく出る問題と解説

【問題21】

ガソリンの性状等について，次のうち誤っているものはどれか。

(1) 液体の比重は，一般に灯油や軽油より小さい。

(2) 蒸気は，空気より重い。

(3) 純度の高いものは，無色，無臭である。

(4) 自動車ガソリン，航空ガソリン，工業ガソリンの3種に分けられる。

(5) 流動，摩擦等などにより静電気が発生する。

(1) ガソリンの比重は0.65〜0.75で,灯油(0.80),軽油(0.85)より小さく正しい。

(2)(5) 第4類危険物に共通する特性です。

(3) ガソリンは，純度の高いものは無色（自動車用は着色剤によりオレンジ色に着色されている）ですが，臭気の方は無臭ではなく特有の石油臭があります。

【問題22】

自動車ガソリンの性状について，次のうち誤っているものはどれか。

(1) 燃焼範囲は，おおむね1〜8 vol%である。

(2) 蒸気を吸入すると，頭痛やめまい等を起こす。

(3) 硝酸や過酸化水素などの第6類危険物と混触すると,発火する危険がある。

(4) 電気の不良導体で，流動などにより静電気が発生しやすい。

(5) 引火点は-20℃ 以下で発火点は約150℃ である。

(1) 燃焼範囲は，1.4〜7.6 vol%なので正しい。

(3) 第6類の危険物は不燃性ですが，酸化性があり，他の可燃物と混ざると発火する危険があるので正しい。

(5) 引火点は-40℃ 以下で，発火点は約300℃ なので，誤りです。

| 解　答 |

解答は次ページの下欄にあります。

なお，このようにガソリンや灯油，軽油及び重油などについては，引火点や発火点などの数値をそのまま問う問題が出題される可能性があるので，これらの数値はぜひ覚えておく必要があります。

【問題23】

ガソリンの性状について，次のうち誤っているものはどれか。

(1)　水より軽く水に溶けない。

(2)　第1類の危険物と混触すると，発火する危険がある。

(3)　蒸気比重は3〜4程度である。

(4)　燃焼範囲がジエチルエーテルより広いので危険である。

(5)　軽油（又は灯油）と比べた場合，発火点はガソリンの方が高い。

(2)　前問【問題22】の(3)の第6類と同様，第1類の危険物も酸化性の危険物で，ガソリンなどの可燃物と混触すると，発火する危険があるので正しい。

(3)　正しい。

(4)　燃焼範囲は，ガソリンが1.4〜7.6 vol%，ジエチルエーテルが1.9〜36.0 vol%であり，ジエチルエーテルの方が広いので誤りです。

(5)　軽油（又は灯油）の発火点は約220℃，ガソリンは約300℃なのでガソリンの方が高く，正しい。

【問題24】

ベンゼンの性状について，次のうち誤っているものはどれか。

(1)　無色透明の液体である。

(2)　特有の芳香臭のある無色透明の液体である。

(3)　水によく溶ける。

(4)　揮発性があり，蒸気は空気より重い。

(5)　アルコール，ヘキサン等の有機溶媒に溶ける。

解　答

ベンゼンは水には溶けません。

【問題 25】

　ベンゼンとトルエンについて，次のうち誤っているのはどれか。

A　いずれも芳香族炭化水素である。

B　いずれも引火点は常温（20℃）より低い。

C　トルエンは水に溶けないが，ベンゼンは水によく溶ける。

D　蒸気はいずれも有毒であるが，毒性はトルエンの方が強い。

E　いずれも無色の液体で水より軽い。

(1)　A と B　　　(2)　A と E　　　　(3)　B と C

(4)　C と D　　　(5)　D と E

B　引火点はベンゼンが－10℃，トルエンが 5℃ なので，正しい。

C　両者とも水には溶けません。

D　ともに蒸気は有毒ですが，毒性は<u>ベンゼンの方が強い</u>ので誤り。

【問題 26】

　アセトンの性状について，次のうち誤っているのはどれか。

(1)　揮発しやすい。

(2)　水より軽い。

(3)　無色で特有の臭いがある液体である。

(4)　水に溶けない。

(5)　発生する蒸気は，空気より重く，低所に滞留する。

　　第 1 石油類でも，ガソリンやベンゼン，トルエンなどは水には溶けない非水溶性ですが，アセトンは水に溶ける水溶性なので，(4)の「水に溶けない」

第 3 編

第 1 石油類

というのが誤りです。

　なお，アセトンは「第1石油類のその他のもの」の中では，比較的よく出題されているので，次に類題を挙げておきます。

＜類題＞

アセトンの特性について，次のうち誤っているものはどれか。

(1)　無色で，特有の芳香のある液体である。

(2)　過酸化水素，硝酸と反応し，発火することがある。

(3)　沸点は100℃より低い。

(4)　引火点は常温（20℃）より低い。

(5)　水に任意の割合で溶けるが，ジエチルエーテル，クロロホルムにはほとんど溶けない。

　アセトンは水のほか，ジエチルエーテルやアルコールなどにもよく溶けるので，(5)が誤りです。

[補足問題]

　エチルメチルケトンの貯蔵または取扱いの注意事項として，次のうち不適切なものはどれか。

(1)　換気をよくする。

(2)　日光の直射を避ける。

(3)　火気を近づけない。

(4)　冷所に貯蔵する。

(5)　貯蔵容器は通気口付きのものを使用する。

　エチルメチルケトン（メチルエチルケトンまたは2-ブタノンともいう）は，有機溶媒の一種で，引火点は−9℃，発火点は404℃でアセトン同様，特異な臭気がある無色の液体で，水には溶けます（比重は**約0.8**）。その貯蔵の際には，可燃性蒸気の発生を防ぐため，容器を**密閉**して換気の良い冷暗所で保管する必要があるので，(5)が誤りです。

解　答

＜チェック・ポイント③＞

- ☐ (1)　第1類と第2類の危険物は，固体で可燃性である。
- ☐ (2)　液体で可燃性なのは，第4類と第6類の危険物である。
- ☐ (3)　第4類危険物の蒸気は空気より軽く高所に滞留する。
- ☐ (4)　第4類危険物は，常温で液体または固体である。
- ☐ (5)　灯油と軽油は常温（20℃）で引火の危険性がある。
- ☐ (6)　特殊引火物の液比重は，すべて1より小さい。
- ☐ (7)　アセトン，アセトアルデヒド，アルコール類はすべて水に溶ける。
- ☐ (8)　ガソリンの引火点は−20℃である。
- ☐ (9)　ガソリンの発火点は約220℃である。
- ☐ (10)　ガソリンの燃焼範囲は，1.4〜7.6 vol%である。
- ☐ (11)　ガソリンが布にしみ込んだものは，自然発火の危険性が高い。

＜答＞

(1)　固体で可燃性なのは，第2類の危険物のみです。第1類は固体で**不燃性**です（P 196 参照）。→×

(2)　第4類はその通りですが，第6類は液体で**不燃性**です（P 196 参照）。→×

(3)　第4類危険物の蒸気は空気より**重く**，**低所**に滞留します（P 204 参照）。→×

(4)　常温（20℃）では液体です（P 204 参照）。→×

(5)　灯油の引火点は40℃，軽油の引火点は45℃なので，常温では引火の危険性はありません。→×

(6)　二硫化炭素は1.26と水より大きいので，誤りです。→×

(7)　→○

(8)　ガソリンの引火点は**−40℃ 以下**です（P 218 参照）。→×

(9)　ガソリンの発火点は約300℃です。220℃というのは，灯油と軽油の発火点です（P 218 参照）→×

(10)　→○

(11)　引火しやすくはなりますが，自然発火の危険性はありません。→×

5　アルコール類

・アルコール類とは，炭化水素のH（水素）をOH（水酸基）に置き換えた化合物をいいます。

	メタノール	エタノール
引火点℃	11	13
発火点℃	385	363
比重	0.80	0.80
沸点℃	65	78
燃焼範囲 vol%	6〜36	3.3〜19.0
蒸気の毒性	あ　り	な　し
水溶性	○（水に溶ける）	○（水に溶ける）

　メタノールとエタノールはよく似ていますが，両者を比較すると次のようになります。

1．共通する点

① 　引火点は常温以下（⇒**常温で引火する危険性がある**）。
② 　揮発性が大きい（沸点が100℃以下）。
③ 　燃焼範囲はガソリンより広い。
④ 　水や有機溶媒によく溶ける。
⑤ 　燃焼した際の炎は淡く，非常に見えにくい。
⑥ 　泡消火剤を用いる時は**水溶性液体用泡消火剤**を用いる（アルコールは水溶性のため）。

2．異なる点

① 　毒性はメタノールのみにあります。
② 　燃焼範囲はメタノールの方が広い（⇒危険性が高い）。
③ 　エタノールを酸化するとアセトアルデヒドになり，更に酸化すると酢酸になる。

試験によく出る問題と解説

【問題 27】

アルコールの性状について，次のうち誤っているものはどれか。

(1)　無色透明の液体である。

(2)　水より軽い。

(3)　沸点は水より高い。

(4)　特有の芳香を有する。

(5)　水や有機溶媒と任意の割合で溶ける。

第3編

アルコール類

　アルコール類の沸点は水の沸点（100℃）より<u>低く</u>，第1石油類と同じ程度，あるいはそれ以下です。

　なお，本問は「メタノールとエタノールに共通する性質について，次のうち誤っているものはどれか」として出題されても，答えは同じです。

【問題 28】

メタノールの性状について，次のうち誤っているのはどれか。

(1)　水や有機溶媒と任意の割合で溶ける。

(2)　常温（20℃）では引火の危険性はない。

(3)　燃焼範囲はエタノールより広い。

(4)　蒸気は空気より重い。

(5)　毒性があるので，取り扱う場合は換気をよくする必要がある。

(2)　前ページの表より，メタノールの引火点は11℃，エタノールの引火点が13℃と**常温より低いので**，常温（20℃）で引火の危険性があります。

(3)　前ページの表より，メタノールの燃焼範囲が6〜36 vol％，エタノールが3.3〜19.0 vol％なので，正しい。

(5)　メタノールには毒性があるので，正しい。

| 解　答 |

解答は次ページの下欄にあります。

【問題29】

　エタノールの性状等について，次のうち，誤っているものはいくつあるか。

A　凝固点は5.5℃である。

B　燃焼範囲は，3.3〜19.0 vol%である。

C　工業用のものには，飲料用に転用するのを防ぐため，毒性の強いメタノールが混入された変性アルコールと呼ばれるものがある。

D　ナトリウムと反応して酸素を発生する。

E　酸化によりアセトアルデヒドを経て酢酸となる。

(1)　1つ　　　(2)　2つ　　　(3)　3つ　　　(4)　4つ　　　(5)　5つ

A　凝固点は−114.5℃です（⇒南極でも固まらないということ）。

D　下の反応式からもわかるように，**水素を発生します。**

$$2\,C_2H_5OH + 2\,Na \rightarrow 2\,C_2H_5O\,Na + H_2$$

（A，Dが誤り）

【問題30】

　メタノールとエタノールの比較について，次のうち誤っているものはどれか。

(1)　毒性はメタノールのみにある。

(2)　ともに引火点は常温（20℃）以下なので，常温で引火する危険がある。

(3)　ともに水に混ざると引火点が高くなる。

(4)　燃焼範囲はエタノールの方が広い。

(5)　いずれも揮発性のある無色透明の液体である。

(3)　水とはどんな割合でも溶けあいますが，水に溶けると濃度が低くなるので，引火点は高くなります。よって，正しい。

(4)　P 224の表より，メタノールの方が広くなっています。

第2石油類

乙4すっきり重要事項　NO.28

・1気圧において引火点が21℃ 以上 70℃ 未満のものをいいます。
（灯油, 軽油, キシレン, 酢酸など）

	灯油	軽油	キシレン	酢酸
引火点℃	40 以上	45 以上	33	41
発火点℃	約220	約220	463	463
比重	0.80	0.85	0.88	1.05
沸点℃	145〜270	170〜370	144	118
燃焼範囲 vol%	1.1〜6.0	1.0〜6.0	1.0〜6.0	4.0〜19.9

<非水溶性> --

灯油と軽油（灯油と軽油は引火点などの物性値が多少異なるだけで他はほとんど同じです）

〈性質〉
① 常温では引火しません（⇒ 引火点が常温（20℃）以上）。
② 発火点は**約220℃** で，ガソリンより**低い**。
③ 水，アルコールに**溶けない**。
④ 液体の色
　・灯油：**無色**または**淡（紫）黄色**
　・軽油：淡**黄色**または**淡褐色**

〈危険性〉
① 液温が**引火点以上**になると，ガソリンと同じくらい引火しやすくなるので，非常に危険です。
② **霧状**にしたり，布にしみこませると火がつきやすくなるので危険です(⇒空気との接触面積が**大きく**なるため)。
③ ガソリンが混合されたものは引火しやすくなります。

こうして覚えよう！　＜灯油と軽油の引火点と発火点＞

灯油を知れば，　　ふつうは　　仕事はかどる
40（灯油の引火点）　　220（発火点）　　45（軽油の引火点）

＜水溶性＞ --

1．酢酸

1．刺激臭のある**無色透明**の液体である。
2．水よりやや**重く**（比重1.05），水に溶ける（⇒**水溶性液体**）。
3．**アルコール，エーテル**などにもよく**溶ける**。
4．**酸味**があり，食酢は酢酸の3〜5％の水溶液である。
5．**腐食性**の強い**有機酸**で（⇒金属を腐食させる），水溶液は**弱酸性**を示す。
6．約17℃以下になると，凝固する。
7．泡消火剤は**水溶性液体用泡消火剤**（耐アルコール泡）を用いる。

2．アクリル酸

1．**重合**しやすく，重合熱が大きいので**発火・爆発**のおそれがある。
　　また，高温ほど重合反応が速くなり，**暴走反応**を起こすおそれがあるので，
　　高温を避ける。
2．**融点が14℃**であり，**凍結しないよう**，**密栓**して**冷暗所**に貯蔵する。
　　その他，酢酸と同じ

試験によく出る問題と解説

【問題31】

　灯油の性状について，次のうち誤っているものはどれか。
(1)　引火点はガソリンより高いが，重油よりは低い。

─┤解　答├────────────────────────────

解答は問題の次のページの下欄にあります。

(2) 水より重く水に溶けやすい。

(3) 発火点はガソリンより低い。

(4) 古くなったものは，淡黄色に変色することがある。

(5) 木綿布にしみこんだものは，火がつきやすい。

 解説

(1) 引火点は**灯油が 40℃ 以上**，ガソリンが−40℃，重油が 60〜150℃ なので，ガソリンより高く，重油より低いので正しい。

(2) 灯油の比重は 0.80（⇒ 1 より小さい）で水より<u>軽く</u>，また非水溶性（水に<u>溶けない</u>）なので誤りです。

(3) 発火点は**灯油が約 220℃**，ガソリンが 300℃ なので正しい。

【問題 32】 でるぞ〜

灯油の性状について，次のうち誤っているものはどれか。

(1) 水に溶けない。

(2) 霧状になって浮遊すると，火がつきやすくなる。

(3) 水には溶けないが，ガソリンとは混ざり，引火しやすくなる。

(4) 蒸気は空気より軽い。

(5) 加熱等により引火点以上に液温が上がったときは，火花等により引火する危険がある。

 解説

第 4 類危険物の蒸気は空気より<u>重い</u>ので，低所に滞留しやすくなります。

【問題 33】 でるぞ〜

灯油の性状について，次の A〜E のうち誤っているものはいくつあるか。

A 無臭の液体である。

B 電気の導体である。

C 灯油の中にガソリンを注いでも混じり合わないため，やがては分離する。

D 蒸気比重は 1 より大きく，低所に滞留しやすい。

解　答

解答は次ページの下欄にあります。

E　液温20℃で容易に引火する。

(1)　1つ　　　(2)　2つ　　　(3)　3つ　　　(4)　4つ　　　(5)　5つ

A　無臭ではなく，特有の臭気があります。

B　電気の**不導体**で，流動などにより静電気が発生します。

C　灯油とガソリンは混じりあうため，灯油の危険性が大きくなります。

D　正しい。

E　引火点が40℃以上なので，液温20℃では霧状などにしない限り引火しません。

（D以外の4つが誤り。）

【問題34】

灯油を貯蔵し，取り扱うときの注意事項として，次のうち正しいものはどれか。

(1)　蒸気は空気より軽いので，換気口は室内の上部に設ける。

(2)　灯油にガソリンが混合すると，灯油の引火点が低くなる。

(3)　常温（20℃）で容易に分解し，発熱するので，冷所に貯蔵する。

(4)　直射日光により過酸化物を生成するおそれがあるので，容器に日覆いをする。

(5)　空気中の湿気を吸収して，爆発するので，容器に不燃性ガスを封入する。

(1)　蒸気は空気より<u>重い</u>ので，換気口は室内の下部に設けます。

(2)　前問のCより，灯油とガソリンは混ざるので，ガソリンの影響を受けて引火点が低くなります。

(3)　灯油の沸点は水より高く，100℃以上なので，常温（20℃）で分解し，発熱することはありません。

(4)　直射日光により過酸化物を生成するおそれがあるのは，特殊引火物のジエチルエーテルやアセトアルデヒドです。

(5)　灯油にこのような性状はありません。

解　答

【問題35】

軽油の性状等について，次のうち誤っているものはどれか。

(1) ディーゼル油機関等の燃料に用いられる。

(2) 引火点は 45℃ 以上である。

(3) 水より沸点が高い。

(4) 一般に淡青色に着色されている。

(5) 蒸気は空気より重い。

　軽油は，基本的に，**引火点**と**色**以外は灯油と同様に考えます。

(3) 沸点は水が100℃，軽油が170〜370℃ なので，水より沸点が高く，正しい。

(4) 軽油は淡黄色または淡褐色の液体なので誤りです。

【問題36】

灯油と軽油に共通する性状として，次のうち正しいものはどれか。

(1) 液温が常温（20℃）程度でも引火の危険がある。

(2) 発火点は 100℃ 以下である。

(3) ともに電気の不導体である。

(4) ともに精製したものは無色であるが，軽油はオレンジ色に着色されている。

(5) 燃焼範囲はアルコール類よりも広い。

(1) 灯油と軽油とも引火点は常温より高いので，液温が常温（20℃）程度では引火の危険性はありません。

(2) ともに発火点は約 220℃ なので誤りです。

(4) オレンジ色に着色されているのは，自動車ガソリンです。

(5) たとえば，メタノールの燃焼範囲は 6.0〜36.0 vol%，灯油は 1.1〜6.0 vol%，軽油は，1.0〜6.0 vol%なので，アルコール類の方が広く，誤りです。

解　答

【33】…(4)　　　　　　　　　　　　　【34】…(2)

【問題37】

酢酸の性状について，次のうち誤っているものはどれか。

A　無色透明の液体である。

B　水溶液は強い腐食性を有している。

C　常温（20℃）で引火する危険性がある。

D　刺激性の臭気を有している。

E　水に溶けるが，有機溶媒には溶けない。

(1) A, C　　(2) B, C　　(3) B, E　　(4) C, E　　(5) D, E

C　酢酸の引火点は41℃なので，常温（20℃）では引火しません。

E　酢酸は，水や有機溶媒にも溶けます。

【問題38】

アクリル酸の性状について，次のうち誤っているものはいくつあるか。

A　無臭の黄色の液体である。

B　酸化性物質と混触しても，発火・爆発のおそれはない。

C　水やエーテルには溶けない。

D　重合しやすいが，重合熱は極めて小さいので，発火，爆発のおそれはない。

E　融点が14℃なので，凍結して保管する。

(1) 1つ　　(2) 2つ　　(3) 3つ　　(4) 4つ　　(5) 5つ

A　アクリル酸は酢酸のような**刺激臭**のある**無色透明**の液体です。

B　酸化性物質と混触すると，**発火・爆発**のおそれがあります。

C　アクリル酸は，**水**や**アルコール**，**エーテル**などによく溶けます。

D　アクリル酸は，重合（分子量の小さな物質が次々と結合して，分子量の大きな物質になる反応）しやすい物質ですが，その際の重合熱は**大きく**，発火・爆発のおそれがあります。なお，市販されているものには**重合防止剤**が含まれています。

E　凍結しないよう，**密栓**して**冷暗所**に貯蔵します（凍結したアクリル酸を

溶かそうとしてヒーターで加熱して爆発した事例がある）。

従って，すべて誤りです。なお，アクリル酸の水溶液は**強い腐食性**を有し，素手で触れると**火傷**を起こす危険性があるので，注意が必要です。

【問題39】

キシレンの性状について，次のうち誤っているものはどれか。

(1)　3つの異性体が存在する。

(2)　芳香臭がある。

(3)　無色の液体である。

(4)　水によく溶ける。

(5)　水よりも軽い。

(1)　オルト，メタ，パラの**3種類の異性体**があります。

(4)　キシレンは，非水溶性の第2石油類なので，水には溶けません。

【問題40】

クロロベンゼンの性状について，次のうち正しいものはどれか。

(1)　水より軽い。

(2)　無色の液体で特有の臭いを有する。

(3)　蒸気の燃焼範囲は，2.0〜37 vol%である。

(4)　水と任意の割合で混ざる。

(5)　蒸気は，空気より軽い。

(1)　ほとんどの第4類危険物は水より軽いのですが，クロロベンゼン（比重＝1.11）は**二硫化炭素**や**酢酸**などと同様，水より重い第4類危険物です。

(3)　蒸気の燃焼範囲は，1.3〜9.6 vol%と狭いので誤りです。

(4)　水には溶けないので誤りです（アルコールには溶けます）。

(5)　蒸気は，他の第4類危険物と同様，空気より重いので誤りです。

第3編

第2石油類

第3石油類

乙4すっきり重要事項　NO.29

- 1気圧において**引火点**が70℃以上200℃未満のものを第3石油類といいます。

（**重油**，クレオソート油，グリセリンなど）

	重油	クレオソート油	グリセリン
引火点℃	60〜150	74	177
発火点℃	250〜380	336	370
比重	0.9〜1.0	1.1	1.30
沸点℃	300以上	200以上	290

＜非水溶性＞---

1．重油

⑴　**性質**

① 褐色，または暗褐色の液体で，**粘性**があります。

② 引火点は**約60〜150℃**（灯油や軽油より少し高い）ですが，3種重油（C重油）の引火点は約70℃以上です。

③ 発火点は**約250〜380℃**です。

④ 一般に水より軽く，水や熱湯にも溶けません。

⑤ （沸点が高いので）揮発性は低い。

⑥ 日本産業規格では1種（A重油），2種（B重油），3種（C重油）に分類されています。

⑵　**危険性**

① 加熱しない限り引火の危険性は小さいですが（引火点が高いので），いったん燃え始めると**燃焼温度**が高いので，消火が大変困難となります。

② **霧状**にしたり，**布にしみこませる**と火がつきやすくなるので危険です（⇒空気との接触面積が大きくなるので）。

③ 不純物として含まれる硫黄は，燃えると**有害なガス**になります。

2．アニリン

① 水に**溶けにくく**，水溶液は**弱塩基性**である。

② 光や空気により**変色**する。

3．クレオソート油

① **黄色**または**暗緑色**の液体である。

② 水より**重く**，水に**溶けない**がアルコールには溶ける。

＜水溶性＞ --

4．エチレングリコール

・甘味のある**無色無臭**の液体で，車の**不凍液**に用いられる（冷却水に混ぜて凍りにくくする）。

5．グリセリン

・3価のアルコールで，水より**重く**，甘味のある**無色無臭**の液体である。

試験によく出る問題と解説

【問題41】 でるぞ～

　重油の性状について，次のうち誤っているものはどれか。

(1) 不純物として含まれている硫黄は，燃えると有害ガスになる。

(2) 一般に褐色または暗褐色の粘性のある液体である。

(3) 水に溶けない。

(4) 種類などにより，引火点は異なる。

(5) 発火点は 70～150℃ である。

 解説

　70～150℃ というのは，C 重油の引火点であり，発火点は 250～380℃ で

解　答

解答は次ページの下欄にあります。

す。

【問題 42】

　重油の一般的性状について，次のうち誤っているものはどれか。

(1)　種々の炭化水素の混合物である。

(2)　水より重い。

(3)　日本産業規格では，1種（A重油），2種（B重油），3種（C重油）に分類されている。

(4)　発火点は，100℃ より高い。

(5)　3種重油の引火点は，70℃ 以上である。

　　　重油の比重は0.9～1.0で，水より少し軽い物質です。

【問題 43】

　グリセリン 0℃ の性状等について，次のうち誤っているものはどれか。

(1)　水に溶けるが，ガソリン，ベンゼンなどには溶けない。

(2)　2価のアルコールで，刺激臭のある無色の液体である。

(3)　甘みのある無色無臭の液体である。

(4)　比重は，水よりも重い。

(5)　吸湿性を有する。

　　　グリセリンは3価のアルコールです。

【問題 44】

　クレオソート油について，次のうち誤っているものはどれか。

(1)　黄色又は暗褐色で，粘性の液体である。

(2)　特有の臭気がある。

(3)　水より重い。

(4)　アルコール，ベンゼンなどの有機溶媒や水に溶ける。

解　答

【41】…(5)

⑸　蒸気は有毒である。

　クレオソート油は, アルコール, ベンゼンなどの有機溶媒には溶けますが, 水には溶けません。

　なお, 重油と同じく引火点が高いので加熱しない限り引火の危険性は小さいですが, いったん燃え始めると液温が高くなり, 消火が大変困難となるので注意が必要です。

第3編

第3石油類

解　答
【42】…⑵　　　　　　　　　【43】…⑵　　　　　　　　　【44】…⑷

第4石油類

乙4すっきり重要事項　NO.30

・1気圧において引火点が200℃以上250℃未満のものを第4石油類といいます。

・ギヤー油やシリンダー油などの＊潤滑油のほか，可塑剤なども含まれます。

〈性　質〉

①　引火点が200℃以上と非常に高い。

②　一般に水より軽く（重いものもある）水に溶けない。

③　ねばり気(粘性)のある液体で，常温では蒸発しにくい(揮発性が低い)。

〈危険性〉

重油に準じます。すなわち

①　加熱しない限り引火の危険性は小さいが，いったん燃え始めると燃焼温度が高いので消火が大変困難となる。

②　霧状にしたり，布にしみこませると火がつきやすくなる。

＊潤滑油　　潤滑油には，ギヤー油やシリンダー油などのほか，マシン油，切削（せっさく）油，電気絶縁油などがあります。

試験によく出る問題と解説

【問題 45】

第4石油類について，次のうち誤っているものはどれか。

(1) 水より重いものがある。

(2) 常温（20℃）では蒸発しにくい。

(3) 潤滑油，切削（せっさく）油類の中に該当するものが多く見られる。

(4) 引火点は，第1石油類より低い。

(5) 粉末消火剤の放射による消火は，有効である。

解説

(2) 第4石油類の沸点は非常に高く，蒸発しにくいので，正しい。

(3) 潤滑油，切削油類の他には，可塑剤，焼入油，電気絶縁油なども第4石油類であり，正しい。

(4) 第1石油類の引火点は **21℃ 未満**であり，第4石油類の引火点は **200℃ 以上 250℃ 未満**なので，「第1石油類より **高い**」が正解です。

(5) 粉末消火剤は第4類危険物の火災（油火災）に有効なので正しい。

【問題 46】

第4石油類の性状について，次のうち正しいものはどれか。

(1) 棒状にした強化液は，消火に有効である。

(2) 水とは混じらないが，温水とはよく混じる。

(3) 粘性が高いので，火災の際には霧状の水を噴霧すると有効である。

(4) 第4石油類は引火点が高いので，燃焼しても液温は低く，消火はさほど困難ではない。

(5) 粉末消火剤のほか，二酸化炭素や泡消火剤も有効である。

解説

(1) 棒状の強化液と水は，油火災には不適当なので誤りです。

(2) 第4石油類は一般に水には溶けず，それは温水であっても同じなので誤りです。

| 解 答 |

解答は次ページの下欄にあります。

第3編

第4石油類

(3) 水は霧状であっても油火災には不適なので，誤りです。

(4) 第4石油類は引火点が高い，というのは正しいですが，燃焼すると液温が高くなり，消火が大変困難となるので誤りです。

(5) 正しい。

【問題47】

潤滑油の性状等について，次のうち適切でないものはどれか。

(1) 引火点が200℃未満のものは第3石油類に属する。

(2) エンジン油，ギヤー油等に用いられている。

(3) 常温（20℃）では，液体である。

(4) 水とよく混じる。

(5) 常温（20℃）では引火しない。

(1) 潤滑油でも引火点が200℃未満のものは，第4石油類ではなく第3石油類に属するので，正しい。

(4) 第4石油類は，一般に水には溶けないので誤りです。

(5) 第4石油類の引火点は200℃以上250℃未満なので，常温（20℃）よりはるかに高く，よって，常温では引火しません。

一般に水と油（第4類危険物）は仲が悪く
溶け合おうとしないんだヨ···

解　答

＜チェック・ポイント④＞

- ☐ (1)　アルコール類が燃焼すると，黒煙を生じる。
- ☐ (2)　アルコール類は非水溶性である。
- ☐ (3)　アルコール類の火災には，特殊泡を用いる。
- ☐ (4)　灯油は無色または淡褐色の液体である。
- ☐ (5)　軽油は淡黄色または淡（紫）黄色の液体である。
- ☐ (6)　灯油を布にしみこませると火がつきやすくなるのは，空気との接触面積が大きくなるからである。
- ☐ (7)　重油は粘性のある淡青色の液体である。
- ☐ (8)　重油の引火点は，灯油や軽油より少し高く，90～220℃である。
- ☐ (9)　重油は粘性が大きいので，霧状にしても灯油などのように火がつきやすくなることはない。
- ☐ (10)　クレオソート油の比重は1より小さい。

＜答＞

---

(1)　アルコール類が燃焼しても炎は淡く見えにくい（⇒P 224）。→×

(2)　アルコール類は水溶性です（P 224 参照）。→×

(3)　アルコール類の火災には，特殊泡（水溶性液体用泡消火剤）を用います。→○

(4), (5)　灯油は無色または**淡（紫）黄色**で，軽油は淡黄色または**淡褐色**の液体です（P 227 参照）→×，×

(6)　→○

(7)　重油は，**褐色**，または**暗褐色**の液体です（P 234 参照）。→×

(8)　重油の引火点は約 **60～150℃** です（P 234 参照）。→×

(9)　重油も灯油と同じく，霧状にすると火がつきやすくなります（⇒P 234）。→×

(10)　クレオソート油の比重は1より大きいので誤りです。→×

乙4すっきり重要事項　NO.31

動植物油類

・動物の脂肉や植物の種子, もしくは果肉から抽出した液体で, 1気圧において引火点が250℃未満のものをいいます。

〈性　質〉

① 　水より軽く, 水に溶けない。

② 　一般に引火点は200℃以上のものが多く, 非常に高い。

〈危険性〉

重油に準じるほか, 次のような注意が必要です。

○ 　アマニ油などのヨウ素価の高い(=不飽和脂肪酸が多い)乾性油は空気中の酸素と反応しやすく, その際発生した熱(酸化熱)が蓄積すると自然発火を起こす危険があります。

試験によく出る問題と解説

【問題48】

動植物油類について, 次のうち正しいものはどれか。

(1) 　一般に, 純粋なものは暗褐色である。

(2) 　引火点は, 300℃程度である。

(3) 　乾性油の方が, 不乾性油より, 自然発火しにくい。

(4) 　ヨウ素価が大きいものほど, 自然発火しやすい。

(5) 　貯蔵中は, 換気をよくするほど, 自然発火しやすい。

(1) 　一般に, 純粋なものは無色透明です。

(2) 　動植物油類の引火点は, 250℃未満です。

(3) 　乾性油, 半乾性油, 不乾性油の順に自然発火しやすくなるので, 乾性油の方が, 不乾性油より, 自然発火しやすくなります。

解　答

解答は次ページの下欄にあります。

(4)　動植物油類は乾きやすい油ほど自然発火しやすく，その乾きやすさを表したものが**ヨウ素価**です。そのヨウ素価は，油脂100ｇに吸収するヨウ素のグラム数で表したもので，このヨウ素価が大きいほど自然発火しやすくなります。

(5)　換気が悪い方が蓄熱しやすいので，自然発火しやすくなります。

【問題49】

動植物油類の性状等について，次のうち正しいものはどれか。

(1)　比重は１より大きく，水には溶けやすい。

(2)　不飽和脂肪酸で構成される油脂に水素を付加させて作った硬化油と呼ばれ，マーガリンなどの食品に用いられる。

(3)　オリーブ油やツバキ油は，塗料や印刷インクなどに用いられる。

(4)　ヨウ素価の大きい油脂には，炭素の二重結合（C＝C）が多く含まれ，空気中では酸化されにくく，固化しにくい。

(5)　油脂の沸点は，油脂を構成する脂肪酸の炭素原子の数が少ないほど高い。

(1)　動植物油類の比重は約0.9で１より小さく，また，水には溶けません。

(2)　硬化油は，マーガリンなどの食品のほか，石けんやろうそく，化粧品などにも用いられています（問題文中の不飽和とは分子中に二重結合があるものをいいます）。

(3)　オリーブ油やツバキ油は，食用油や化粧品などに用いられています。

(4)　前半は正しいですが，後半は，空気中では酸化されやすいので，その際の酸化熱により自然発火のおそれがあります。

(5)　油脂の沸点は，炭素原子の数が少ないほど低くなります。

【問題50】

動植物油類の中で乾性油などは，自然発火することがあるが，次のうち最も自然発火を起こしやすい状態にあるものはどれか。

(1)　金属容器に入ったものが長期間，倉庫に貯蔵されている。

(2) ぼろ布にしみ込んだものが長期間，通風の悪い所に積んである。

(3) 種々の動植物油が同一場所に大量に貯蔵されている。

(4) ガラス製容器に長期間，直射日光にさらされている。

(5) 水が混入したものが屋外に貯蔵されている。

　動植物油類には，乾きやすい油とそうでないものがあり，乾きやすいものから順に**乾性油**，半乾性油，不乾性油と分けられています。このうち**乾性油**は，ヨウ素価（乾きやすさを表すもの）が高く，空気中の酸素と反応しやすいので，その際に発生した熱（酸化熱）が蓄積すると自然発火を起こす危険があります。

　従って，**乾性油**のしみ込んだものを長期間，通風の悪い所に積んであると，空気中の酸素と反応して自然発火を起こす危険があるので，(2)が正解です。

　なお，(4)の「長期間，直射日光にさらされている。」という条件も自然発火を起こす危険性とは直接関係がないので，念のため。

その他，物性値の比較，事故事例など

【問題51】

引火点の低いものから高いものの順になっているのは，次のうちどれか。

(1) 酢酸 　　　　　　→ ベンゼン 　　　　→ 重油

(2) 自動車ガソリン → メタノール 　　　→ 灯油

(3) 灯油 　　　　　　→ ジエチルエーテル → アセトン

(4) 二硫化炭素 　　 → ギヤー油 　　　　→ ベンゼン

(5) 軽油 　　　　　　→ 酢酸メチル 　　　→ 潤滑油

　まず，引火点の高低を考える場合，おおむね，特殊引火物⇒ 第1石油類⇒ アルコール類⇒ 第2石油類⇒ 第3石油類⇒ 第4石油類という順に高くなっていきます（**引火の危険性**は逆に**低く**なっていきます）。従って，このような順に並んでいるものを探せばよいわけです。

解　答

(1) 酢酸は第2石油類, ベンゼンは第1石油類なので, この時点で順序が逆になっており, 従って, 誤りです（重油は第3石油類です）。

(2) 自動車ガソリンは第1石油類, 灯油は第2石油類なので, 第1石油類⇒ アルコール類⇒ 第2石油類という順になっており, よって, これが正解です。

(3) 灯油は第2石油類, ジエチルエーテルは特殊引火物なので, 順序が逆になっており, 誤りです（アセトンは第1石油類）。

(4) 二硫化炭素は特殊引火物, ギヤー油は第4石油類, ベンゼンは第1石油類なので, ギヤー油とベンゼンが逆になっており, 誤りです。

(5) 軽油は第2石油類, 酢酸メチルは第1石油類なので, 順序が逆になっており, 誤りです（潤滑油は第4石油類です）。

第3編

動植物油類等

【問題 52】

引火点の低いものから高いものの順になっているものは, 次のうちどれか。

(1) 自動車ガソリン → 灯油 → ギヤー油 → 重油

(2) 灯油 → グリセリン → 重油 → シリンダー油

(3) 自動車ガソリン → 灯油 → 重油 → シリンダー油

(4) 重油 → 軽油 → 灯油 → グリセリン

(5) 軽油 → 重油 → 酢酸エチル → 潤滑油

 解説

　まず, 共通に出ている危険物について, その品名を並べると, 自動車ガソリンは第1石油類, 灯油と軽油は第2石油類, 重油とグリセリンは第3石油類, ギヤー油とシリンダー油は第4石油類となっています。

　これをもとに, 前問と同様に考えていくと,

(1) ギヤー油（第4石油類）と重油（第3石油類）の順序が逆になっています。

(2) グリセリンと重油は, ともに第3石油類ですが, グリセリンの引火点は177℃, 重油の引火点は60〜150℃ なので, 順序が逆になっており, 誤りです。

(3) 第1石油類→ 第2石油類→ 第3石油類→ 第4石油類という順になっているので, これが正解です。

解 答

【50】…(2)   【51】…(2)

(4) 重油と軽油の順序が逆になっており，また，灯油と軽油の順序も逆になっています（灯油が40℃，軽油が45℃と，灯油の方がわずかに低い）。

(5) 酢酸エチルは第1石油類なので，「重油→　酢酸エチル」のところの順序が逆になっています。正しくは，酢酸エチル→　軽油→　重油→　潤滑油，となります。

【問題53】

次のうち，水に溶けない危険物の組み合わせとして，正しいものはどれか。

A　重油　　　　　B　メタノール　　　C　クレオソート油
D　アセトン　　　E　灯油　　　　　　F　アセトアルデヒド

(1) A，C，E　　　(2) A，C，F　　　(3) B，C，E

(4) C，E　　　　(5) C，E，F

「水に溶けない危険物」を考える場合，P202暗記大作戦の②の「水に溶けるもの」に入っていない危険物を探せばよいわけです。従って，Aの重油，Cのクレオソート油，Eの灯油が入っていないので，これが正解です。

【問題54】

次のうち，液比重が1以上の危険物の組み合わせとして，正しいものはどれか。

A　ガソリン　　　　B　二硫化炭素　　　　C　酢酸
D　アセトン　　　　E　クロロベンゼン　　F　重油

(1) A，B　　　(2) A，C，E　　　(3) B，C，E

(4) C，E　　　(5) C，E，F

「液比重が1以上の危険物」とは，「水より重い危険物」のことなので，P202暗記大作戦の③の「水より重いもの」に入っている危険物を，まずは探せばよいわけです。従って，Bの二硫化炭素とCの酢酸がこれに該当します。また，Eのクロロベンゼンは，ニトロベンゼンと同じく，液比重が1以上の

危険物なので，よって，B，C，Eの(3)が正解となります。

【問題 55】

　次のうち，引火点が常温（20℃）以下である危険物の組み合わせとして，正しいものはどれか。

- (1)　ガソリン，アセトン，酢酸
- (2)　重油，エタノール，ギヤー油
- (3)　二硫化炭素，クレオソート油，アセトアルデヒド
- (4)　ベンゼン，灯油，ジエチルエーテル
- (5)　酸化プロピレン，トルエン，ガソリン

　「引火点が常温（20℃）以下」ということは，「常温で引火の危険性があるもの」なので，P202暗記大作戦の①に入っている危険物でないもの（⇒「特殊引火物，第1石油類，アルコール類」）を探せばよいわけです。従って，(5)の酸化プロピレンは特殊引火物，トルエンとガソリンは第1石油類なので，これが正解です。

事故事例

【問題 56】

　次の事故事例を教訓とした今後の対策として，誤っているものは次のうちどれか。

　「給油取扱所の固定給油設備から軽油が漏れて地下に浸透したため，地下専用タンクの外面保護材の一部が溶解した。また，周囲の地下水も汚染され，油臭くなった。」

- (1)　給油中は吐出状況を監視し，ノズルから空気（気泡）を吐き出していないかどうか注意すること。
- (2)　固定給油設備は，定期的に全面カバーを取り外し，ポンプおよび配管に漏れがないか点検すること。
- (3)　固定給油設備のポンプおよび下部ピット内は点検を容易にするため，常に清掃しておくこと。

解　答

第3編

動植物油類等

(4) 固定給油設備のポンプおよび配管等の一部に著しく油，ごみ等が付着する場合は，その付近に漏れの疑いがあるので，重点的に点検すること。

(5) 固定給油設備の下部ピットは，油が漏れていても地下に浸透しないように，内側をアスファルトで被覆しておくこと。

アスファルトは，原油を精製する際に残った黒色の固体または半固体の炭化水素で，もとは原油なので，下部ピットをアスファルトで被覆しても，地下に浸透してしまいます（コンクリート等で被覆する）。

【問題57】

次の事故事例を教訓とした今後の対策として，**不適切なもの**はどれか。

「移動タンク貯蔵所の運転者が，給油取扱所の地下専用タンクにガソリンを注入する際，誤って他の満液タンクに注入したため，当該タンクの計量口および通気管から危険物があふれ出た。」

(1) 地下専用タンクの計量口は，計量時以外は閉鎖しておく。

(2) 移動貯蔵タンクと地下専用タンクの残油量を確認しておく。

(3) 地下専用タンクの通気管は，ガソリンを注入する際は，閉鎖しておく。

(4) 注入作業は，移動タンク貯蔵所と給油取扱所双方の危険物取扱者が立ち会うか，あるいは自ら行う。

(5) 地下専用タンクに注入ホースを結合する際は，注入口に誤りがないかを確認する。

通気管はタンク内の圧力の変動を吸収できるよう，<u>開放</u>しておきます。

【問題58】

誤って灯油にガソリンを混入してしまった場合の処置として，次のうち適切なものはどれか。

(1) しばらく放置すれば，比重の違いによって分離するので，その後くみ分けて，それぞれの用途に使用する。

(2)　引火点などが灯油と異なるので，灯油を用いる石油ストーブの燃料として使用しない。

(3)　混入したガソリンと同量の軽油を入れ，比重を灯油と同じになるよう調整した後，灯油として使用する。

(4)　ガソリンは爆発しやすいので，少し温めてガソリンを蒸発させ，灯油として使用する。

(5)　ガソリンの比率を小さくするため，灯油を大量に補充する。

　　引火点はガソリンが**−40℃ 以下**，灯油が **40℃** なので，石油ストーブの燃料として使用すると激しく燃焼して危険です。

【問題 59】

　ガソリンが残存しているおそれがある金属製ドラムの取り扱いについて，次のうち誤っているものはどれか。

(1)　空の金属製ドラムであっても密栓をしておく。

(2)　廃棄するときは，ガス溶断する。

(3)　そのまま灯油を入れるのは非常に危険なので，ガソリンを完全に除去してから入れる。

(4)　火気から離れた通風のよい場所に保管しておく。

(5)　高温の場所には置かない。

　　ガス溶断は，その火花によって引火する危険があるので，不適切です。

【問題 60】

　「自動車整備工場（一般取扱所）において，自動車の燃料タンクのドレン（排出口）から金属製ロートを使用してガソリンをポリエチレン容器（10 ℓ）に抜き取っていたところ，発生した静電気がスパークし，ガソリン蒸気に引火したため火災となり，危険物取扱者が火傷を負った。」

　このような事故を防止する方法として，次のうち誤っているものはどれか。

(1)　湿度を高くして，静電気の蓄積を防ぐ。

(2)　衣服は化学繊維を避け，木綿製あるいは，導電性のあるものを着用する。

(3)　容器はポリエチレンではなく金属製とし，接地する。

(4)　燃料タンクを加圧してガソリンの流速を速め，抜き取りを短時間でやらせる。

(5)　ガソリンの抜き取り作業は，通風または換気のよい場所で行う。

 解説

(1)　湿度が高いと，静電気は水分に移動して蓄積しにくくなるので，正しい。

(3)　静電気は，ポリエチレンなどの不良導体（電気を通しにくいもの）ほど発生しやすいので，それらの容器を使用せず，かつ，金属製の容器を接地すると静電気が大地に流れて蓄積しないので，正しい。

(4)　静電気はガソリンの流速が速いほど発生しやすいので，抜き取りは時間をかけてゆっくり行う必要があるので，誤りです。

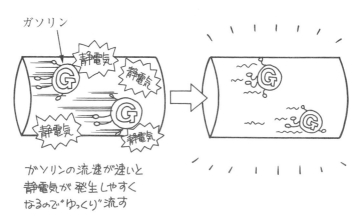

ガソリン

静電気　静電気　静電気　静電気

ガソリンの流速が速いと
静電気が発生しやすく
なるので"ゆっくり"流す

流速が早い→　静電気が発生　　　流速が遅い→　静電気が発生しない

解　答

第4編
模擬試験問題と解答

この模擬試験で合格する力を身につけよう！

　全問，「でるぞ～・マーク」が2つ付いた問題と考えてチャレンジして下さい。

　（出題される確率が高いと予想される問題を，本試験のスタイルに合わせて作成しています。）

この模擬テストの学習方法

　この模擬試験は，最新の数多くのデータから，より本試験に近い形に編集して作成してありますので，実力を試すには絶好の内容ではないかと思います。従って，出来るだけ本試験と同じ状況を作って解答をしてください。

　具体的には，①　時間を2時間きちんとカウントする。②　これは当然ですが，参考書などを一切見ない。③　見本の解答カードを拡大コピーして，その解答番号に印を入れる。④　そして，出来ればこの模擬試験をA4サイズにコピーしてホッチキスで留めるなどして小冊子にし，本試験に近いスタイルにする。このようにすれば，より実戦的な模擬試験となるでしょう（ついでながら，解答もコピーしておくと答え合わせの際に便利です）。

　次に，受験の「コツ」をいくつか並べておきますので，「自分に参考になる」，と思われたら積極的に活用してください。

1　難しい問題に時間を割かない。

　試験時間は2時間なので時間は十分にありますが，それでも，あまり1つの問題に時間をかけていると，すべての問題を解けない可能性もあります。従って，「これはすぐには解けない！」と判断したら，とりあえず何番かの答えにマークを付けて，問題番号の横に「？」マークでも書いておき，すべてを解答した後でもう一度その問題を解けばよいのです。この試験は全問正解する必要はなく，60％以上正解であればよいのです。したがって，確実に点数が取れる問題から先にゲットしていくことが合格への近道なのです。

2　これは1ともつながりがありますが，ある程度の時間配分を取っておくと，「最後の方まで解く時間が無かった」などという，後悔をせずに済みます。

　従って，問題数は合計35問ですから，1問当たり平均して約3分位で解答していくとして，法令15問は開始してから45分までには終了している必要があります。同じく物理，化学の10問は，開始してから1時間15分（45分＋30分＝75分）までに終了，そして残りの時間で危険物の性質10問を解く，という具合です。このようにして時間配分をしておくと，1で説明した難問や全体をもう一度見直す余裕が出来てくるわけです。

3 最後に，本試験の場合は，試験開始から35分が過ぎると途中退出が認められ，周囲が少々騒がしくなりますが，気にせずマイペースを貫いて下さい。

ガンバルゾ

それでは，これを模擬ではなく本試験だと思って，頑張ってチャレンジして下さい！

解答カード（見本）

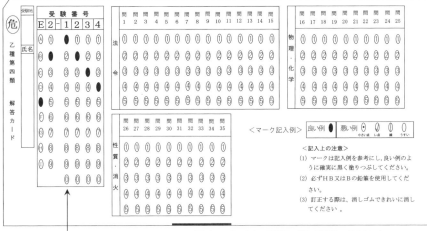

受験番号を
Ｅ２－１２３４
とした場合の例

（拡大コピーをして解答の際に使用して下さい）

第4編

この模擬テストの学習方法

模擬テスト

＜危険物に関する法令＞

（注）　問題中に使用した略語は次の通りです。

　　　　法令…………消防法，危険物の規制に関する政令
　　　　　　　　　　又は危険物の規制に関する規則

　　　　法…………消防法

　　　　政　令………危険物の規制に関する政令

　　　　規　則………危険物の規制に関する規則

　　　　製造所等………製造所，貯蔵所又は取扱所

　　　　市町村長等……市町村長，都道府県知事又は総務大臣

　　　　免状…………危険物取扱者免状

　　　　所有者等………所有者，管理者又は占有者

【問題1】　法に定める危険物の説明について，次のうち正しいものはどれか。

(1)　第2石油類とは，アセトン，軽油その他1気圧において引火点が21℃未満のものをいう。

(2)　アルコール類とは，1分子を構成する炭素の原子数が1個から5個までの飽和1価アルコール（変性アルコールを含む）をいい，その含有量が50％未満の水溶液を除く。

(3)　第3石油類とは，重油，シリンダー油その他1気圧において引火点が21℃以上150℃未満のものをいう。

(4)　第4石油類とは，アニリン，ギヤー油，その他1気圧において引火点が150℃以上200℃未満のものをいう。

(5)　動植物油類とは，動物の脂肉等又は植物の種子若しくは果肉から抽出したものであって，1気圧において引火点が250℃未満のものをいう。

【問題2】　法令上，製造所等の区分の一般的説明として，次のうち正しいものはどれか。

(1)　屋内貯蔵所………………………屋内にあるタンクにおいて危険物を貯蔵し，又は取扱う貯蔵所

(2)　移動タンク貯蔵所…………鉄道の車両に固定されたタンクにおいて危険

物を貯蔵し，又は取り扱う貯蔵所
(3) 給油取扱所……………………自動車の燃料タンク又は鋼板製ドラム等の運
搬容器にガソリンを給油する取扱所
(4) 地下タンク貯蔵所…………地盤面下に埋没されているタンクにおいて危
険物を貯蔵し，又は取り扱う貯蔵所
(5) 屋外貯蔵所……………………屋外で特殊引火物及びナトリウムを貯蔵し，
又は取扱う貯蔵所

【問題3】　法令上，同一場所で次の危険物を貯蔵する場合，貯蔵量は指定数量
の何倍になるか。なお，（　）内は指定数量を示す。

黄りん（20 kg）………………………60 kg
赤りん（100 kg）………………………270 kg
鉄粉（500 kg）………………………350 kg

(1) 3.5倍
(2) 4.3倍
(3) 5.0倍
(4) 6.4倍
(5) 7.5倍

第4編

模擬テスト

【問題4】　法令上，特定の建築物等から一定の距離（保安距離）を保たなけれ
ばならないものがあるが，その建築物等と保安距離の組み合わせとして，正
しいものは次のうちどれか。ただし，製造所等と当該建築物等との間には防
火上有効な塀はないものとし，特例基準が適用されるものは除くものとする。

	製造所等の区分	建築物等	保安距離
(1)	給油取扱所	同一敷居外にある住居	10 m 以上
(2)	屋内貯蔵所	大学	30 m 以上
(3)	地下タンク貯蔵所	収容人員が300人の劇場	30 m 以上
(4)	屋外貯蔵所	重要文化財として指定された建造物	50 m 以上
(5)	屋内タンク貯蔵所	小学校	30 m 以上

【問題5】　法令上，製造所等の仮使用に該当するものは次のうちどれか。
(1) 屋内貯蔵所の変更工事で，貯蔵されている灯油 1500 ℓ，軽油 2000 ℓ を

　　屋内の空地に市町村長等の承認を受けて一時置いておくこと。
(2) 屋内タンク貯蔵所の定期点検で,タンク内に入っている重油 20000 ℓ を市町村長等の承認を受けて抜き取り,点検すること。
(3) 給油取扱所の地下専用タンクの定期点検で,ガソリンを入れたまま窒素で加圧して検査すること。
(4) 給油取扱所の一部の変更工事で,工事部分以外の部分を市町村長等の承認を受けて使用すること。
(5) 変電所(一般取扱所)の変圧器に,市町村長等の承認を受けて,絶縁油 20000 ℓ を注油すること。

【問題6】 法令上,移動タンク貯蔵所の位置,構造及び設備の技術上の基準として,次のうち誤っているものはどれか。ただし,特例基準が適用されるものを除く。
(1) 屋外の防火上安全な場所又は壁,床,はり及び屋根を耐火構造とし,若しくは不燃材料で造った建築物の1階に常置しなければならない。
(2) 静電気による災害が発生するおそれのある液体の危険物の移動貯蔵タンクには,接地導線を設けなければならない。
(3) 移動貯蔵タンクの配管は,先端部に弁等を設けなければならない。
(4) 移動貯蔵タンクの底弁,手動閉鎖装置のレバーは,手前に引き倒すことにより閉鎖装置を作動させるものでなければならない。
(5) 移動貯蔵タンクの容量は 10,000 ℓ 以下としなければならない。

【問題7】 法令上,製造所等に設置する消火設備の区分について,次のうち第5種の消火設備に該当するものはどれか。
(1) スプリンクラー設備
(2) ハロゲン化物消火設備
(3) 屋内消火栓設備
(4) 泡を放射する小型の消火器
(5) 泡を放射する大型の消火器

【問題8】 法令上,市町村長等の製造所等の許可を取り消すことができる場合として,次のうち誤っているものはどれか。
(1) 完成検査又は仮使用の承認を受けないで製造所等を使用した。
(2) 製造所等の位置,構造又は設備に係る措置命令に違反した。

(3)　変更の許可を受けないで，製造所等の位置，構造又は設備を変更した。

(4)　製造所等の定期点検に関する規定に違反した。

(5)　危険物保安監督者を定めなければならない製造所等において，それを定めていなかった。

【問題9】　法令上，免状の交付について，次の（　）内のA～Cに入る語句及び数値として，正しいものはどれか。

　「（　A　）は，危険物取扱者が法又は法に基づく命令の規定に違反した場合，免状の（　B　）その日から起算して（　C　）を経過しない者に対しては，免状の交付を行わないことができる。」

	A	B	C
(1)	都道府県知事	返納をした	1年
(2)	市町村長	返納を命ぜられた	2年
(3)	市町村長	返納をした	2年
(4)	都道府県知事	返納をした	2年
(5)	都道府県知事	返納を命ぜられた	1年

【問題10】　法令上，免状の交付を受けている者が，免状を亡失し，滅失し，汚損し，又は破損した場合の再交付の申請について，次のうち誤っているものはどれか。

(1)　当該免状を交付した都道府県知事に申請することができる。

(2)　当該免状の書換えをした都道府県知事に申請することができる。

(3)　勤務地を管轄する都道府県知事に申請することができる。

(4)　破損により免状の再交付を申請する場合は，当該免状を添えて申請しなければならない。

(5)　免状を亡失してその交付を受けた者は，亡失した免状を発見した場合は，これを10日以内に免状の再交付を受けた都道府県知事に提出しなければならない。

【問題11】　法令上，危険物保安監督者に関する説明として，正しいものの組み合わせは次のうちどれか。

A　危険物保安監督者は，火災等の災害が発生した場合は，作業者を指揮して応急の措置を講じるとともに，直ちに消防機関等に連絡しなければならない。

B　給油取扱所の所有者等は，危険物保安監督者を選任しなければならない。

C　危険物取扱者であれば，免状の種類に関係なく危険物保安監督者に選任される資格を有している。

D　危険物保安監督者は，危険物施設保安員を定めている製造所等にあっては，危険物施設保安員の指示に従って保安の監督をしなければならない。

(1)　A，B　　(2)　A，D　　(3)　B，C　　(4)　C，D　　(5)　B，D

【問題12】　法令上，製造所等の所有者等が危険物施設保安員に行わせなければならない業務として，次のうち誤っているものはどれか。

(1)　計測装置，制御装置，安全装置等の機能が適正に保持されるように保安管理させること。

(2)　構造及び設備を技術上の基準に適合するよう，定期及び臨時の点検を行わせること。

(3)　定期及び臨時の点検を行ったときは，点検を行った場所の状況及び保安のために行った措置を記録し，保存させること。

(4)　構造及び設備に異常を発見した場合は，危険物保安監督者その他関係のある者に連絡するとともに状況を判断して適当な措置を講じさせること。

(5)　危険物の取扱作業に従事する者に対し，危険物の貯蔵又は取扱いの技術上の基準を遵守するよう監督するとともに，必要に応じて指示をすること。

【問題13】　法令上，危険物取扱者の保安に関する講習について，次のうち正しいものはどれか。

(1)　製造所等で，危険物保安監督者に選任された者は，選任後5年以内に講習を受けなければならない。

(2)　現に，製造所等において，危険物の取り扱い作業に従事していない者は，免状の交付を受けた日から10年に1回の免状の書換えの際に講習を受けなければならない。

(3)　法令違反を行った危険物取扱者は，違反の内容により講習の受講を命ぜられることがある。

(4)　現に，製造所等において，危険物の取り扱い作業に従事している者は，居住地若しくは勤務地を管轄する市町村長等が行う講習を受けなければならない。

(5)　危険物保安監督者は，受講の対象者となる。

【問題 14】　法令上，危険物を運搬する容器の外部に行う表示について，次のうち正しいものはどれか。

(1)　第 1 類の危険物にあっては，「火気厳禁」

(2)　第 2 類の危険物にあっては，「可燃物接触注意」

(3)　第 3 類の危険物にあっては，「衝撃注意」

(4)　第 4 類の危険物にあっては，「火気注意」

(5)　第 6 類の危険物にあっては，「可燃物接触注意」

【問題 15】　移動貯蔵タンクから給油取扱所の専用タンク（計量口を有するもの）に危険物を注入する場合に行う安全対策として，次のうち適切でないものはどれか。

(1)　移動タンク貯蔵所に設置された接地導線を給油取扱所に設置された接地端子に取り付ける。

(2)　消火器を，注入口の近くの風上となる場所を選んで配置する。

(3)　専用タンクの残油量を，計量口を開けて確認し，注入が終了するまで計量口のふたは閉めないようにする。

(4)　注入中は緊急事態にすぐ対応できるように，移動タンク貯蔵所付近から離れないようにする。

(5)　給油取扱所の責任者と専用タンクに注入する危険物の品名，数量等を確認してから作業を開始する。

＜基礎的な物理学及び基礎的な化学＞

【問題 16】　次の文の（　）内に当てはまる語句はどれか。

　　「二硫化炭素が完全燃焼すると（　）になる。」

(1)　二酸化硫黄と水蒸気

(2)　二酸化硫黄と二酸化炭素

(3)　水蒸気と二酸化炭素

(4)　一酸化炭素と二酸化炭素

(5)　一酸化炭素と二酸化硫黄

第 4 編

模擬テスト

【問題17】　次の組み合わせのうち, 燃焼の 3 要素がそろっているものはどれか。

(1)　炎………………………ガソリン…………空気

(2)　電気火花…………ピリジン…………窒素

(3)　光………………アニリン…………二硫化炭素

(4)　静電気火花………二硫化炭素………窒素

(5)　沸騰水…………酢酸…………酸素

【問題18】　燃焼に関する説明として, 次のうち誤っているものはどれか。

(1)　一般に, 燃焼とは, 可燃物が熱と光を発しながら激しく酸化される現象をいう。

(2)　一般に, 燃焼が起こるには, 反応物質としての可燃物と酸化剤および反応を開始させるための点火エネルギーが必要である。

(3)　一般に, 可燃性液体の燃焼では, 蒸発により発生した気体が空気中の酸素と混ざり, 火炎を形成する。

(4)　木炭などの表面燃焼では, 固体の表面に空気があたり, その物体の表面で燃焼が起こる。

(5)　燃焼に必要な酸化剤として, 二酸化炭素や酸化鉄などの酸化物中の酸素が使われることはない。

【問題19】　静電気について, 次のうち誤っているものはどれか。

(1)　静電気は一般に電気の不導体の摩擦等により発生する。

(2)　静電気の発生を少なくするには, 液体等の流動, かくはん速度などを遅くする。

(3)　静電気による火災には, 燃焼物に適応した消火方法をとる。

(4)　静電気の蓄積は, 湿度の低い時に起こりやすい。

(5)　静電気の蓄積防止策として, タンク類などを電気的に絶縁する方法がある。

【問題20】　次の文の（　）内に当てはまる語句はどれか。

　「可燃物が空気中で加熱され, 炎や火花などで点火しなくても燃え始めるときの最低の温度を（　）という。」

(1)　引火点　　　(2)　発火点　　　(3)　燃焼範囲の下限値

(4)　燃焼点　　　(5)　分解温度

【問題 21】 消火剤等に関する説明として，次のうち誤っているものはどれか。

⑴ 電気設備の火災に対しては強化液を霧状にして放射すれば適応する。

⑵ 二酸化炭素は窒息効果を有する消火剤であり，液化してボンベに充填したものを使用する。

⑶ 泡には窒息効果と冷却効果があり，発泡機構等の違いにより化学泡と空気泡とに大別される。

⑷ 消火粉末には，りん酸塩類を主成分にしたものと，炭酸水素塩類を主成分にしたものとがあるが，どちらも油火災には適応しない。

⑸ ハロゲン化物は，電気の不導体なので電気設備の火災にも適応する。

【問題 22】 酸化について，次のうち誤っているものはどれか。

⑴ 酸素と化合することである。

⑵ 水素が奪われることである。

⑶ 電子が奪われることである。

⑷ 酸素が奪われることである。

⑸ 酸化数が増加することである。

【問題 23】 次のうち，化学変化でないものはどれか。

⑴ 鉄がさびてぼろぼろになる。

⑵ 紙が濃硫酸にふれると黒くなる。

⑶ 木炭が燃えて灰になる。

⑷ 水が分解して酸素と水素になる。

⑸ ドライアイスを放置すると昇華する。

【問題 24】 「ガソリンの燃焼範囲の下限値は 1.4 vol% である。」

このことについて，正しく説明しているものは，次のうちどれか。

⑴ 空気 100 ℓ にガソリン蒸気 1.4 ℓ を混合した場合は，点火すると燃焼する。

⑵ 空気 100 ℓ にガソリン蒸気 1.4 ℓ を混合した場合は，長時間放置すれば自然発火する。

⑶ 内容積 100 ℓ の容器中に空気 1.4 ℓ とガソリン蒸気 98.6 ℓ との混合気体が入っている場合は，点火すると燃焼する。

⑷ 内容積 100 ℓ の容器中に空気 98.6 ℓ とガソリン蒸気 1.4 ℓ の混合気体が入っている場合は，点火すると燃焼する。

(5)　ガソリン蒸気100ℓに空気を1.4ℓ混合した場合は，点火すると燃焼する。

【問題25】　金属の性状として，次のうち誤っているものはどれか。
(1)　すべて不燃性である。
(2)　一般に展性，延性に富み，金属光沢をもつ。
(3)　銀の熱伝導率は鉄よりも大きい。
(4)　常温（20℃）において液体のものもある。
(5)　軽金属は，一般に比重が4以下のもので，カリウム，アルミニウム，カルシウムなどが該当する。

＜危険物の性質並びにその火災予防及び消火の方法＞

【問題26】　危険物の類ごとの一般的性状について，次のうち誤っているものはどれか。
(1)　第1類の危険物の多くは，加熱すると分解して酸素を発生する。
(2)　第2類の危険物は，着火しやすく燃焼すると有毒なガスを発生するものがある。
(3)　第3類の危険物は，すべて水と接触すると発熱し，可燃性ガスを発生して発火する。
(4)　第5類の危険物の多くは，酸素を含有し，燃焼速度が大きい。
(5)　第6類の危険物は，すべて不燃物であるが，有機物を混ぜると発火するものがある。

【問題27】　第4類の危険物の性状及び貯蔵，取扱いについて，次のうち誤っているものはどれか。
(1)　揮発性の大きい危険物の屋外タンク貯蔵所には，液温の過度の上昇を防ぐため，タンク上部に散水装置を設けるとよい。
(2)　危険物を容器に詰め替えるときは，静電気の蓄積に注意する。
(3)　危険物が入っていた空容器は，内部に可燃性蒸気が残留していることがあるので，火気に注意する。
(4)　危険物の蒸気は一般に空気より軽いので，高所の換気を十分に行う。
(5)　危険物を取り扱う機器，容器等は可燃性蒸気の発生を抑えるため，できるだけ密閉する。

【問題28】　第4類危険物の一般的性状について，次の文の（　）内のA～D
に当てはまる語句の組合せとして，正しいものはどれか。

　　「第4類の危険物は，引火点を有する（　A　）である。比重は1より
　（　B　）ものが多く，蒸気比重は1より（　C　）。また，電気の（　D　）
　であるものが多く，静電気が蓄積されやすい。」

	A	B	C	D
(1)	液体または固体	大きい	小さい	不導体
(2)	液体	大きい	大きい	導体
(3)	液体または固体	小さい	大きい	不導体
(4)	液体	小さい	小さい	導体
(5)	液体	小さい	大きい	不導体

【問題29】　自動車ガソリンの一般的性状について，次のうち誤っているもの
はいくつあるか。

　A　水と混ぜると，上層はガソリンに，下層は水に分離する。
　B　揮発性が高く引火しやすい。
　C　燃焼範囲はおおむね4.0～60.0 vol%である。
　D　燃焼すると，二酸化炭素と水になる。
　E　ガソリンを貯蔵していたタンクに，そのまま灯油を入れると爆発するこ
　　とがある。
　(1)　1つ　　　(2)　2つ　　　(3)　3つ　　　(4)　4つ　　　(5)　5つ

【問題30】　酢酸と酢酸エチルの共通する性状について，次のうち正しいもの
はどれか。
　(1)　無色透明な液体である。
　(2)　水によく溶ける。
　(3)　蒸気は空気より軽い。
　(4)　引火点は，常温（20℃）より低い。
　(5)　芳香臭がある。

【問題31】　重油の性状について，次のうち誤っているものはどれか。
　(1)　不純物として含まれている硫黄は，燃えると有害ガスになる。

(2) 褐色または暗褐色の液体である。

(3) 水に溶けない。

(4) 種類などにより，引火点は異なる。

(5) 発火点は 70～150℃ である。

【問題 32】　クロロベンゼンの性状について，次のうち正しいものはどれか。

(1) 水より軽い。

(2) 無色の液体で特有の臭いを有する。

(3) 蒸気の燃焼範囲は，2.8～37 vol%である。

(4) 水と任意の割合で混ざる。

(5) 蒸気は，空気より軽い。

【問題 33】　イソプロピルアルコールの性状について，次のうち正しいものはどれか。

(1) 水より軽く，蒸気は空気より重い。

(2) 水には溶けるが，メタノール，エーテルには溶けない。

(3) 無色，無臭で粘性がある。

(4) 酸化するとメタノールになる。

(5) −10℃ では固体である。

【問題 34】　危険物とその火災に適応する消火器との組み合わせとして，次のうち適切でないものはどれか。

(1) ガソリン………消火粉末（りん酸塩類等）を放射する消火器

(2) エタノール……棒状の強化液を放射する消火器

(3) 軽油……………二酸化炭素を放射する消火器

(4) 重油……………泡を放射する消火器

(5) ギヤー油………霧状の強化液を放射する消火器

【問題 35】　ガソリンを貯蔵していた移動貯蔵タンクに灯油を注入しているとき，火災が起きることがあるが，その主な原因として次のうち正しいものはどれか。

(1) 流入によって発生する灯油の蒸気とガソリンの蒸気との摩擦熱により発火するため。

(2) 流入によって発生する灯油の蒸気にガソリンの蒸気が吸収され，そのと

き発生する吸収熱により発火するため。

(3)　充満していたガソリン蒸気が，ある程度灯油に吸収されて燃焼範囲内の濃度になり，灯油の流入によって発生した静電気の放電火花で引火するため。

(4)　灯油の流入によってガソリン蒸気がかくはんされ，そのときの摩擦熱により発火するため。

(5)　ガソリン蒸気によって爆発性混合気が圧縮され，その圧縮熱と蒸気の摩擦熱とにより発火するため。

模擬テストの解答・解説

＜危険物に関する法令＞

【問題1】　**解答**　(5)

解説

(1)　アセトンは**第1石油類**なので誤りです。正しくは，「**第2石油類**とは，**灯油**，**軽油**その他1気圧において引火点が**21℃ 以上 70℃ 未満**のものをいう。」となります（「引火点が21℃ 未満のもの」というのも誤り）。

(2)　正しくは，「アルコール類とは，1分子を構成する炭素の原子数が1個から3個までの飽和1価アルコール（変性アルコールを含む）をいい，その含有量が**60% 未満**の水溶液を除く。」となります。

(3)　「引火点が21℃ 以上150℃ 未満」というものはありません。また，シリンダー油は**第4石油類**です。正しくは，「**第3石油類**とは，**重油**，**クレオソート油**その他1気圧において引火点が**70℃ 以上 200℃ 未満**のものをいう。」です。

(4)　第4石油類の引火点は**200℃ 以上250℃ 未満**です。また，アニリンは**第3石油類**です。

【問題2】　**解答**　(4)

解説

P 32 の表参照。

(1)　問の文は，**屋内タンク貯蔵所**についての説明で，屋内貯蔵所は，「**屋内の場所**において危険物を貯蔵し，又は取扱う貯蔵所」となっています。

(2)　「鉄道の車両」に固定されたタンクではなく，単に「**車両**」に固定されたタンクなので，誤りです。

(3)　給油取扱所は，**自動車等の燃料タンク**に給油する取扱所であって，鋼板製ドラム等の運搬容器には給油しないので，誤りです。

(5)　屋外貯蔵所では特殊引火物は取り扱えないので，誤りです。
　　また，ナトリウムは**第3類**の危険物なので，これも貯蔵及び取り扱うことはできません（P 74 参照）。

【問題3】　**解答**　(4)

解説

　危険物が複数ある場合の指定数量の倍数は，各危険物の倍数を合計します。従って，黄りんが 60 kg／20 kg＝3 倍，赤りんが 270 kg／100 kg＝2.7 倍，鉄粉が 350 kg／500 kg＝0.7 倍，となるので，3＋2.7＋0.7＝6.4 倍となります。（過酸化水素や過酸化ベンゾイルなどの出題例もありますが，本問のように計算すればよいだけです）。

【問題4】　**解答**　(4)

(解説)

(1)　給油取扱所に保安距離は不要です（住居の 10 m 以上は正しい）。
(2)　屋内貯蔵所には保安距離が必要ですが，「多数の人を収容する施設」に大学は含まれていません。
(3)　地下タンク貯蔵所に保安距離は不要です（劇場の 30 m 以上は正しい）。
(4)　屋外貯蔵所には保安距離が必要であり，また，重要文化財までの保安距離は 50 m 以上必要なので，これが正解です。
(5)　屋内タンク貯蔵所に保安距離は不要です（小学校の 30 m 以上は正しい）。

　なお，似たような出題で下表のような出題例があります（正しい組合わせを選ぶ）。

　正解は(3)で，(3)以外は色の部分が誤りです。

第4編
模擬テスト（解答・解説）

	製造所等の区分	保安距離の規制	保安空地の規制	指定数量の倍数に関係なく危険物保安監督者の選任義務
(1)	製造所	有	無	有
(2)	屋外タンク貯蔵所	無	無	有
(3)	給油取扱所	無	無	無
(4)	屋内タンク貯蔵所	有	有	有
(5)	第1種販売取扱所	無	無	有

【問題5】　**解答**　(4)

(解説)

　仮使用は，製造所等の**位置**，**構造**または**設備**を変更する場合の手続きです。(4)以外は，「仮に使用する」という文言自体入っていない。

【問題6】 解答 (5)

解説

移動タンク貯蔵所のタンク容量は **30,000ℓ 以下**です（内部に 4000ℓ 以下ごとに区切った間仕切りが必要です）。

【問題7】 解答 (4)

解説

第5種の消火設備は，**小型消火器**や水バケツ，水槽，乾燥砂などをいいます。従って，(4)が正解となります。

【問題8】 解答 (5)

解説

P42 上の③より，危険物保安監督者を選任していないとき，またはその者に「保安の監督」をさせていないときは，許可の取り消しではなく，**使用停止命令**の発令事由となります。この許可の取り消しと使用停止命令ですが，P41 の2からもわかるように，内容が重大なことについては許可の取り消し，そうでない場合が使用停止命令となっています。

【問題9】 解答 (5)

解説

正解は，次のようになります。

「（都道府県知事）は，危険物取扱者が法又は法に基づく命令の規定に違反した場合，免状の（返納を命ぜられた）その日から起算して（1年）を経過しない者に対しては，免状の交付を行わないことができる。」

なお，消防法などに違反して罰金以上の刑に処せられた者で，その執行を終わり，または執行を受けなくなった日から起算して2年を経過しない者にも免状の交付を行わないことができます。

【問題10】 解答 (3)

解説

再交付の申請先は，P55，表1-10 より，免状を**交付**した都道府県知事および免状の**書換え**をした都道府県知事です。

従って，(3)の勤務地を管轄する都道府県知事には申請することはできません。

【問題 11】 **解答** (1)（P 56 の(1)参照）

解説

C　危険物保安監督者になれるのは，**甲種**または**乙種危険物取扱者**で，製造所等において「危険物取扱いの**実務経験**が **6 ヶ月以上ある者**」です。このうち，**乙種**は免状に指定された類のみの保安監督者にしかなれず，また，**丙種**は保安監督者にはなれないので，よって，誤りです。

D　問題文は逆で，危険物保安監督者の方が危険物施設保安員に対して必要な指示を与えます（この問題はよく出題されます）。

【問題 12】 **解答** (5)

解説

この業務は，危険物保安監督者の業務です。

【問題 13】 **解答** (5)（P 57 の 3 参照）

解説

受講義務のある者は，「危険物取扱者の資格のある者」が「危険物の取り扱い作業に従事している」場合で，受講期間については P 57 3.の(2)の通りです。

従って，(1)は，危険物保安監督者を選任してからの日数と受講日のカウントは関係がないので誤り，(2)は，取り扱い作業に従事していないので受講義務がなく，誤りです。また，(3)のように，法令違反をした人が受ける講習ではないので，これも誤りです。(4)は，危険物の取扱作業に従事していても無資格者の場合は受講義務が生じないので，誤りです。また，受講場所には制限はありません（全国どこでもよい）。

【問題 14】 **解答** (5)

解説

(1)　第 1 類の危険物は，「**火気・衝撃注意**」「**可燃物接触注意**」です（一部除く）。

(2)　第 2 類の危険物は，「**火気注意**」（鉄粉等は「禁水」含む）です（一部除く）。

(3)　第3類の危険物は，「**空気接触厳禁**」「**火気厳禁**」です（禁水性物品は「**禁水**」）。

(4)　第4類の危険物は，「**火気厳禁**」です。

【問題15】 **解答** (3)

解説

タンクの計量口は，計量する時以外は閉鎖します（計量が済めば閉鎖する）。

＜基礎的な物理学及び基礎的な化学＞

【問題16】 **解答** (2)

解説

二硫化炭素は CS_2 なので，完全燃焼すると次のような反応になります。

$$CS_2 + 3\,O_2 \rightarrow 2\,SO_2 + CO_2$$

$2\,SO_2$ は二酸化硫黄（亜硫酸ガス），CO_2 は二酸化炭素なので，(2)が正解です。

【問題17】 **解答** (1)

解説

燃焼の三要素は，「可燃物」「酸素供給源」「火源」の3つをいいます。

可燃物を 可，酸素供給源を 酸，点火源を 点 として確認していくと，

(1)　炎＝点，ガソリン＝可，空気＝酸 より，燃焼の三要素がすべて揃っているので，これが正解です。

(2)　電気火花＝点，ピリジン＝可 ですが，窒素は酸ではないので誤り。

(3)　アニリン＝可 ですが，光は点ではなく，また，二硫化炭素も酸ではないので誤り。

(4)　静電気火花＝点，二硫化炭素＝可 ですが，窒素は酸ではないので誤り。

(5)　酢酸＝可，酸素＝酸 ですが，沸騰水は点でないので誤りです。

【問題18】 **解答** (5)

解説

P165 の【問題36】の解説でも説明しましたが，酸素供給源には，空気の他に，**酸化剤**や第5類危険物のように，物質内に含まれている酸素も含まれています。

【問題 19】　**解答**　(5)

解説

　タンク類などを絶縁（＝電気の流れを遮断）するのではなく，静電気が大地に逃げるよう，**接地**をする必要があります。

【問題 20】　**解答**　(2)（P 172 参照）

【問題 21】　**解答**　(4)

解説

　消火粉末には，**りん酸塩類**を主成分にしたものと，**炭酸水素塩類**を主成分にしたものとがありますが，どちらも油火災には適応します（P 182 参照）。

　なお，(1)ですが，原則として，電気火災に泡，水，強化液などの水系は感電するので不適切ですが，霧状にすればそれを防げるので，水と強化液は使用可能です。

【問題 22】　**解答**　(4)

解説

　(1)と(4)が矛盾していることに気が付けば，すぐに解答できたと思います。酸化は，酸素と化合する，すなわち，酸素と結びつくことであり，(4)のように，酸素が奪われるのは，酸化と逆の反応である**還元**になります。

　なお，珍しい出題として，「ホースやパッキンなどに使用された加流ゴムが，経年劣化により老化する現象（亀裂や強度が低下など）は何反応か？」という出題例もありますが，この反応も**酸化反応**になります。

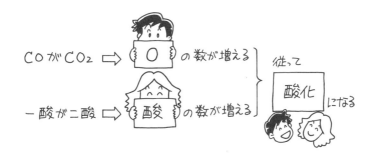

【問題 23】　**解答**　(5)

解説

　化学変化は，性質そのものが変化して別の物質になる変化をいいます。

　従って，昇華は，**固体**が**気体**に単に状態が変化するだけなので，化学変化ではなく物理変化です。

【問題 24】　**解答**　(4)

解説

　下限値が 1.4 vol%なので，空気 98.6 ℓ にガソリン蒸気 1.4 ℓ が混合すると，混合気が 100 ℓ になり，混合気の容量%は，

$$混合気の容量\% = \frac{蒸気量〔\ell〕}{混合気全体〔\ell〕} \times 100$$

$$= \frac{1.4〔\ell〕}{100〔\ell〕} \times 100〔vol\%〕$$

$$= 1.4〔vol\%〕 となり，点火すると燃焼します。$$

ちなみに，空気 100 ℓ にガソリン蒸気 1.4 ℓ を混合した場合は，

$$= \frac{1.4}{101.4} \times 100〔vol\%〕$$

$$= 1.38…… となるので，「下限値は 1.4 vol\%」という条$$

件には当てはまりません（⇒出題例あり）。

【問題 25】　**解答**　(1)

解説

　鉄粉のように燃える金属もあるので誤りです。

(3)　P 162，【問題 35】の解説参照。

(4)　水銀は常温で液体です。

＜危険物の性質並びにその火災予防及び消火の方法＞

【問題 26】　**解答**　(3)

解説

　第 3 類危険物すべてが水と反応するわけではなく，黄りんのように水と反応しないものもあります。

【問題 27】 **解答** (4)

解説

P 204 の＜第 4 類危険物に共通する性質＞の④より，第 4 類危険物の蒸気は空気より**重い**ので，**低所**の換気を十分に行う必要があります。

【問題 28】 **解答** (5)

解説

正解は，次のようになります。

「第 4 類の危険物は，引火点を有する（**液体**）である。比重は 1 より（**小さい**）ものが多く，蒸気比重は 1 より（**大きい**）。また，電気の（**不導体**）であるものが多く，静電気が蓄積されやすい。」

【問題 29】 **解答** (1) （C のみ誤り）

解説

A　ガソリンの方が水より軽いので，ガソリンは上層，水は下層に分離します。
C　燃焼範囲でおおむねとあれば，**1.0〜8.0 vol%** 程度になります。
E　「タンク内に充満していたガソリン蒸気が灯油に吸収されて燃焼範囲内の濃度に下がり，灯油の流入により発生する静電気の放電火花で引火することがあるから」です（このままの出題例がある）。

【問題 30】 **解答** (1)

解説

酢酸は第 2 石油類ですが，酢酸エチルはガソリンなどと同じく第 1 石油類で，ともに**無色透明**な液体です。なお，(2)は酢酸エチルは水には少ししか溶けず，(3)は蒸気は空気より重く，(4)の引火点は，酢酸エチル−4℃，酢酸が39℃，(5)は，酢酸は芳香臭なので，誤りです。

【問題 31】 **解答** (5)

解説

70（60 としている場合もある）〜150 というのは，重油の**引火点**の数値です。重油の発火点は約 **250〜380℃** です。

【問題 32】　解答　(2)

解説

　クロロベンゼンは第 2 石油類なので，特有の石油臭があります。

(1)　第 4 類危険物は一般に水より軽いのですが，クロロベンゼンの比重は約
　1.1 なので，水より重く誤りです。

　　　なお，水より重いものには他に二硫化炭素，ニトロベンゼン，クレオソ
　ート油，酢酸（さくさん…第 2 石油類），グリセリンなどがあります。

(3)　クロロベンゼンの燃焼範囲は，1.3〜9.6 vol％です（覚える必要はない）。

(4)　一般に，第 4 類の危険物は水に溶けにくいものが多いですが，クロロベ
　ンゼンも水には溶けない（混ざらない）ので誤りです。

(5)　第 4 類危険物の蒸気は空気より重いので誤りです。

【問題 33】　解答　(1)

解説

　これも第 4 類危険物の一般的性状を知っていれば解ける問題です。

(2)　イソプロピルアルコールは有機溶剤にも溶けます。

(3)　イソプロピルアルコールは無臭ではなく，特有の芳香があります。

(5)　イソプロピルアルコールの融点は −126℃ なので，それより温度が高い
　−10℃ では溶けており，液体です。

【問題 34】　解答　(2)

解説

　P 183 の③より，油火災（第 4 類危険物の火災）に不適当な消火剤は，

老いるといやがる	凶暴	な	水
オイル（油）	強化液（棒状）		水

⇒　強化液（棒状）と水（棒状，霧状とも）

従って，(2)の「棒状の強化液を放射する消火器」が誤りです。

【問題 35】　解答　(3)

消防法別表第1　　　（一部省略してあります）

種　別	性　質	品　　名
第1類	酸化性固体	1．塩素酸塩類 2．過塩素酸塩類 3．無機過酸化物 4．亜塩素酸塩類 5．臭素酸塩類 6．硝酸塩類 7．よう素酸塩類 8．過マンガン酸塩類 9．重クロム酸塩類　　　など
第2類	可燃性固体	1．硫化りん 2．**赤りん** 3．**硫黄** 4．**鉄粉** 5．**金属粉** 6．**マグネシウム** 7．引火性固体　　　など
第3類	自然発火性物質及び禁水性物質	1．**カリウム** 2．**ナトリウム** 3．アルキルアルミニウム 4．アルキルリチウム 5．**黄リン** 6．カルシウムまたはアルミニウムの炭化物　　　など
第4類	引火性液体	1．特殊引火物 2．第1石油類 3．アルコール類 4．第2石油類 5．第3石油類 6．第4石油類 7．動植物油類
第5類	自己反応性物質	1．有機過酸化物 2．硝酸エステル類 3．ニトロ化合物 4．ニトロソ化合物　　　など
第6類	酸化性液体	1．過塩素酸 2．**過酸化水素** 3．**硝酸**　　　など

主な第4類危険物のデータ一覧表

○：水に溶ける　△：少し溶ける　×：溶けない

品名	物品名	水溶性	アルコール	引火点℃	発火点℃	比重	沸点℃	燃焼範囲 vol%	液体の色
特殊引火物	ジエチルエーテル	△	溶	−45	160	0.71	35	1.9〜36.0	無色
	二硫化炭素	×	溶	−30	90	1.30	46	1.3〜50.0	無色
	アセトアルデヒド	○	溶	−39	175	0.80	21	4.0〜60.0	無色
	酸化プロピレン	○	溶	−37	449	0.80	35	2.8〜37.0	無色
第一石油類	ガソリン	×	溶	−40以下	約300	0.65〜0.75	40〜220	1.4〜7.6	オレンジ色（純品は無色）
	ベンゼン	×	溶	−11	498	0.88	80	1.3〜7.1	無色
	トルエン	×	溶	4	480	0.87	111	1.2〜7.1	無色
	メチルエチルケトン	△	溶	−9	404	0.80	80	1.7〜11.4	無色
	酢酸エチル	△	溶	−4	426	0.9	77	2.0〜11.5	無色
	アセトン	○	溶	−20	465	0.80	56	2.15〜13.0	無色
	ピリジン	○	溶	20	482	0.98	115.5	1.8〜12.8	無色
アルコール類	メタノール	○	—	11	385	0.80	64	6.0〜36.0	無色
	エタノール	○	—	13	363	0.80	78	3.3〜19.0	無色
第二石油類	灯油	×	×	40以上	約220	0.80	145〜270	1.1〜6.0	無色，淡紫黄色
	軽油	×	×	45以上	約220	0.85	170〜370	1.0〜6.0	淡黄色，淡褐色
	キシレン	×	溶	33	463	0.88	144	1.0〜6.0	無色
	クロロベンゼン	×	溶	28	593	1.1	132	1.3〜9.6	無色
	酢酸	○	溶	39	463	1.05	118	4.0〜19.9	無色
第三石油類	重油	×	溶	60〜150	250〜380	0.9〜1.0	300		褐色，暗褐色
	クレオソート油	×	溶	74	336	1.1	200		暗緑色，黄色
	アニリン	△	溶	70	615	1.01	184.6	1.3〜11	無色，淡黄色
	ニトロベンゼン	×	溶	88	482	1.2	211	1.8〜40	淡黄色，暗黄色
	エチレングリコール	○	溶	111	398	1.1	198		無色
	グリセリン	○	溶	177	370	1.30	290		無色

予防規程に定める主な事項

1. 危険物の保安に関する業務を管理する者の職務及び組織に関すること。
2. 危険物保安監督者が旅行，疾病その他の事故によって，その職務を行うことができない場合にその職務を代行する者に関すること。
3. 危険物の保安に係る作業に従事する者に対する保安教育に関すること。
4. 危険物の保安のための巡視，点検及び検査に関すること。
5. 危険物施設の運転又は操作に関すること。
6. 危険物の取扱い作業の基準に関すること。
7. 補修等の方法に関すること。
8. 危険物の保安に関する記録に関すること。
9. 災害その他の非常の場合に取るべき措置に関すること。
10. 顧客に自ら給油等をさせる給油取扱所にあっては，顧客に対する監視その他保安のための措置に関すること。

　その他，危険物の保安に関し必要な事項

（「**火災などが発生した場合の損害調査に関すること**」や「**製造所等の設置にかかわる申請手続きに関すること**」などは予防規程に定める事項に含まれておらず，出題例もあるので，注意しよう！）

保安距離と保有空地が必要な製造所等

	保安距離	保有空地
製造所	○	○
屋内貯蔵所	○	○
屋外貯蔵所	○	○
屋外タンク貯蔵所	○	○
一般取扱所	○	○
簡易タンク貯蔵所（屋外設置）	×	○
移送取扱所（地上設置）	×	○

著者略歴　工藤　政孝

　学生時代より，専門知識を得る手段として資格の取得に努め，その後，ビルトータルメンテの(株)大和にて電気主任技術者としての業務に就き，その後，土地家屋調査士事務所にて登記業務に就いた後，平成 15 年に資格教育研究所「大望」を設立（その後，名称を「KAZUNO」に変更）。わかりやすい教材の開発，資格指導に取り組んでいる。

【主な取得資格】

　甲種危険物取扱者，第二種電気主任技術者，第一種電気工事士，一級電気工事施工管理技士，一級ボイラー技士，ボイラー整備士，第一種冷凍機械責任者，甲種第 4 類消防設備士，乙種第 6 類消防設備士，乙種第 7 類消防設備士，第一種衛生管理者，建築物環境衛生管理技術者，二級管工事施工管理技士，宅地建物取引主任者，土地家屋調査士，測量士，調理師，など多数。

【主な著書】

わかりやすい！第 4 類消防設備士試験

わかりやすい！第 6 類消防設備士試験

わかりやすい！第 7 類消防設備士試験

本試験によく出る！第 4 類消防設備士問題集

本試験によく出る！第 6 類消防設備士問題集

本試験によく出る！第 7 類消防設備士問題集

これだけはマスター！第 4 類消防設備士試験　筆記＋鑑別編

これだけはマスター！第 4 類消防設備士試験　製図編

直前対策！第 4 類消防設備士試験模擬テスト

わかりやすい！甲種危険物取扱者試験

わかりやすい！乙種第 4 類危険物取扱者試験

わかりやすい！乙種(科目免除者用)1・2・3・5・6 類危険物取扱者試験

わかりやすい！丙種危険物取扱者試験

最速合格！乙種第 4 類危険物でるぞ～問題集

最速合格！丙種危険物でるぞ～問題集

本試験形式！甲種危険物取扱者模擬テスト

本試験形式！乙種第 4 類危険物取扱者模擬テスト

本試験形式！乙種(科目免除者用)1・2・3・5・6 類危険物取扱者模擬テスト

本試験形式！丙種危険物取扱者模擬テスト

Memo

弊社ホームページでは，書籍に関する様々な情報（法改正や正誤表等）を随時更新しております。ご利用できる方はどうぞご覧下さい。http://www.kobunsha.org 正誤表がない場合，あるいはお気づきの箇所の掲載がない場合は，下記の要領にてお問い合せ下さい。

乙種第4類危険物でるぞ〜問題集

著　　　者	工　藤　政　孝	
印刷・製本	㈱　太　洋　社	

発　行　所	株式会社　**弘 文 社**	〒546-0012　大阪市東住吉区 中野2丁目1番27号 ☎　　(06)6797—7 4 4 1 FAX　(06)6702—4 7 3 2 振替口座　00940—2—43630 東住吉郵便局私書箱1号
代　表　者	岡　﨑　　靖